水科学博士文库

Remote Sensing Inversion of
Soil Moisture and Drought Monitoring
—Taking Inner Mongolia Pastoral Area
as an Example

土壤水分遥感反演及干旱监测
——以内蒙古牧区为例

李瑞平 等 著

中国水利水电出版社
www.waterpub.com.cn
·北京·

内 容 提 要

本书以内蒙古牧区为例系统地介绍了土壤水分遥感反演及干旱监测的技术方法。全书主要内容包括：基于 NDVI 值分区的内蒙古牧区土壤含水率遥感监测方法分析；基于云参数的内蒙古旱情监测模型研究；内蒙古旱情时空变化特征及其影响因素；基于遥感数据的荒漠化草原土壤含水率监测研究；基于多尺度遥感数据监测土壤含水率；基于综合干旱监测指数对毛乌素沙地腹部旱情监测研究；综合干旱指数监测模型构建与验证等。

本书可供从事土壤水分遥感监测研究的相关专业人员阅读，也可作为高校相关专业研究生和高年级本科生的参考用书。

图书在版编目（ＣＩＰ）数据

土壤水分遥感反演及干旱监测 ：以内蒙古牧区为例 /
李瑞平等著. -- 北京 ：中国水利水电出版社，2021.7
ISBN 978-7-5170-9750-1

Ⅰ．①土… Ⅱ．①李… Ⅲ．①遥感技术－应用－土壤
含水量－土壤监测－内蒙古②遥感技术－应用－干旱－环
境监测－内蒙古 Ⅳ．①S152.7②P426.616

中国版本图书馆CIP数据核字(2021)第142165号

书　　名	水科学博士文库 **土壤水分遥感反演及干旱监测——以内蒙古牧区为例** TURANG SHUIFEN YAOGAN FANYAN JI GANHAN JIANCE——YI NEIMENGGU MUQU WEI LI
作　　者	李瑞平　等著
出版发行	中国水利水电出版社 （北京市海淀区玉渊潭南路 1 号 D 座　　100038） 网址：www. waterpub. com. cn E - mail：sales@waterpub. com. cn 电话：(010) 68367658（营销中心）
经　　售	北京科水图书销售中心（零售） 电话：(010) 88383994、63202643、68545874 全国各地新华书店和相关出版物销售网点
排　　版	中国水利水电出版社微机排版中心
印　　刷	天津嘉恒印务有限公司
规　　格	170mm×240mm　16 开本　13.75 印张　198 千字
版　　次	2021 年 7 月第 1 版　2021 年 7 月第 1 次印刷
印　　数	001—600 册
定　　价	**80.00 元**

凡购买我社图书，如有缺页、倒页、脱页的，本社营销中心负责调换

前言

QIANYAN

　　干旱是一种由降水异常短缺引发，进而导致土壤水分下降，水分供需平衡被破坏，自然和农业植被生长遭受胁迫的一种自然过程，最终影响人类的经济社会活动。由于干旱的复杂特性，传统的气象和农业干旱监测手段很难全面获取干旱过程的全部信息，而遥感技术则可以弥补这一缺陷。主要体现在两个方面：一是遥感可以快速、高效、连续地获取研究区的空间信息，弥补站点观测以点带面的不足；二是遥感技术获取的是土壤、植被等地表水分平衡载体对干旱过程的综合响应信息，更能体现出地表水分平衡系统失衡的真实情况。然而，由于遥感干旱监测理论尚不完善，遥感干旱监测技术尚未形成统一的标准，不同传感器和不同遥感监测指标获取的干旱监测结果存在差异，从而导致遥感干旱监测精度不是很理想，若能将不同遥感监测指标结合起来进行干旱监测，取长补短，提高监测精度，对于土壤水分的定量遥感反演研究是极具意义的。内蒙古自治区处于干旱半干旱季风气候带，常年受大陆气团控制，气候干燥。内蒙古自治区以畜牧业为主，草原畜牧业占本区域面积的52%以上。草原分布在自治区中部，类型包括：温凉半湿润草甸草原、温性典型草原、温性荒漠草原。据统计，内蒙古自治区轻旱以上的发生频率为89.6%，中旱以上发生频率为68.8%，大旱的发生频率为31.3%。内蒙古自治区中西部达到十年九旱、五年一大旱，内蒙古东部也有三年两旱、七年一大旱的说法。干旱情况直接影响内蒙古牧区草原的生长状况，干旱缺水会使草原植被生长经常处于胁迫状态，导致草原生态系统退化、沙漠化，直接影响周边农牧业的发展。对牧区草原干旱的监测显得十分重要。

　　本书共10章，第1章为绪论，主要综述了遥感干旱监测研究的进展，指出了当前研究的不足；第2章研究区自然概况及数据资料，主要介绍了研究区的地理、气候、植被及水文等概况和研究所用的遥感、气象、地理信息等数据及野外实测数据；第3章地表参数计算，主要计算了干旱监测模型所需的植被指数、水体指数及地表温度等参数；第4章基于 NDVI 值分区的内蒙古牧区土壤含水率遥感监测方法分析，主要分析了热惯量法、温度植被干旱指数及植被供水指数的适用性，利用野外实测数据进行了验证；第5章基于云参数的内蒙古旱情监测模型研究，利用 MODIS 数据对内蒙古的干旱状况进行了分析；第6章内蒙古旱情时空变化特征及其影响因素，主要分析了旱情与土地覆盖、气温及降水的相关性；第7章基于遥感数据的荒漠化草原土壤含水率监测研究，主要对所需气象资料少的三种监测方法——SWEPDI 指数法、能量指数法与 TVDI 指数法进行对比、分析，分别得出三种旱情指数的优劣及其适用范围；第8章基于多尺度遥感数据监测土壤含水率，主要利用 MODIS、Landsat 数据对土壤含水率进行了反演，构建了多尺度遥感模型，并对其进行了应用；第9章基于综合干旱监测指数对毛乌素沙地腹部旱情监测研究，主要对归一化干旱指数法、尺度化土壤湿度监测指数法及温度植被干旱指数法进行对比、分析，分别得出三种旱情指数的优劣及其适用范围；第10章综合干旱指数监测模型构建与验证，主要通过处理好的单一干旱监测指数，构建了可在区域尺度上应用的综合干旱指数监测模型。

本书由李瑞平、尹瑞平、苗庆丰、岳胜如、吴英杰、王思楠等撰写，由李瑞平统稿，徐冰、张存厚、马腾、闫志远、韩刚、胡文、田鑫、王燕鑫等参与了项目研究工作。本书是在内蒙古自治区科技计划项目（20140153）、内蒙古自治区水利科技项目（NSK201403）、内蒙古自治区自然科学基金（2015MS0513）和内蒙古自治区科技计划重点项目（201802123）等研究工作的基础上，总结提炼并参考相关研究成果撰写而成的，在此表示衷心的感谢。

由于本书涉及多学科的交叉内容，限于作者水平，书中不妥、疏漏之处在所难免，恳请广大读者不吝赐教。

作者

2020 年 10 月

缩　略　语　表

英文缩写	英　文　全　称	中文名称
MODIS	moderate-resolution imaging spectroradiometer	中分辨率成像光谱仪
TM	thematic mapper	专题制图仪
ETM+	enhanced thematic mapper	增强型专题制图仪
DEM	digital elevation mode	数字高程模型
NDVI	normalized difference vegetation index	归一化植被指数
EVI	enhanced vegetation index	增强植被指数
LST	land surface temperature	陆地表面温度
LSE	land surface emissivity	陆地表面发射率
TVDI	temperture vegetation drought index	温度植被干旱指数
UTM	temperture vegetation drought index	通用横轴墨卡托投影
DDI	desertification difference index	荒漠化差值指数
SWEPDI	soil water enhanced perpendicular dryness index	土壤水分增强垂直干旱指数
MDTVDI	modified temperature vegetation drought index	修订的温度植被干旱指数
ATI	apparent thermal inertia	表观热惯量
VSWI	vegetation supply water index	植被供水指数
VCI	vegetation condition index	条件植被指数（植被状态指数）
TCI	temperature conditional index	条件温度指数
NMDI	normalized multi-band drought index	归一化多波段干旱指数
NDWI	normalized difference water index	归一化差值水体指数
VTCI	vegetation temperature condition index	条件植被温度指数
AVI	anomaly egetation index	距平植被指数

英文缩写	英 文 全 称	中文名称
DI	drought index	旱情监测指数
iTVDI	improved temperature vegetation drought index	改进型温度植被干旱指数
SIWIS	short-wave infrared water stress index	红外水分胁迫指数
SWCI	surface water content index	地表含水量指数
CSMI	cropland surface soil moisture index	农田表层土壤湿度指数
SMMI	soilmoisture monitoring index	土壤湿度监测指数
SWIR	short wave infrared	短波红外
NIR	near infrared	近红外
AVHRR	advanced very high resolution radiometer	高分辨率辐射测量仪
IMDI	integrated linear weighted drought monitoring index	综合干旱监测指数
NDDI	normalized differential drought index	归一化差异干旱指数
NDMI	normalized different moisture index	归一化湿度指数
AMSR-E	the Advanced Microwave Scanning Radiometer for EOS	被动微波传感器
PDI	perpendicular drought index	垂直干旱指数
MPDI	modified perpendicular drought index	改进的垂直干旱指数
MSIWSI	modis Short-wave Infrared Water Stress Index	短波红外水分胁迫指数
PVI	perpendicular vegetation index	垂直植被指数
VAPDI	vegetation adjusted perpendicular drought index	调整垂直干旱指数
EPDI	Enhanced perpendicular drought index	增强垂直干旱指数
SWEPDI	surface waterEnhanced perpendicular drought index	地表增强垂直干旱指数
MEI	modify energy index	修正能量指数
SEBAL	surface energy balance algorithm for land	陆面能量平衡方法
SEBS	surface energy balance system	地表能量平衡系统
ALEXI	atmospheric and terrestrial exchange inversion model	大气-陆地交换反演模型

英文缩写	英 文 全 称	中文名称
BEPS	boreal ecosystem productivity simulator	北部生态系统生产力模拟
METRIC	mapping evapotranspiration with internalized calibration	用内部化校准绘制蒸散发图
TSEB	two-source energy budget	双源能量平衡
PT	priestley taylor	参考作物蒸散模型
TEDI	temperature evapotranspire drought index	温度蒸散旱情指数法
TIM	trapezoidinterpolationmodel	梯形参数空间模型
AIEM	a new Integrated Equation Model	新的积分方程模型
TRMM	tropical rainfall measuring mission	热带降水测量卫星
vegDRI	vegetation drought response index	植被干旱响应指数
PPAI	percent of precipitation departure	降水异常百分比
SPI	standardized precipitation index	标准化降水指数
CART	classification and regression tree	分类回归树
SPEI	standardized evapotranspiration index	标准化蒸散发指数
NOAA	national oceanic atmospheric adminstration	（美国）国家海洋和大气局
SISMI	short-wave infrared soil moisture index	短波红外土壤湿度指数
SESI	simplified evapotranspiration stress index	简化型蒸散胁迫指数
VHI	vegetation health index	植被健康指数
SDCI	scale drought conditions index	尺度干旱条件指数
ISDI	integrated surface drought index	表层综合干旱指数
SDI	synthesized drought index	综合干旱监测指数
IMDI	integrated linear weighted drought monitoring index	综合线性加权干旱监测指数
MSAVI	modified soil-adjusted vegetation index	修正的土壤调整植被指数

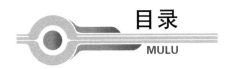

目录

MULU

第1章 绪 论

1.1 研究背景与意义

干旱是最严重的气象灾害,也是全球重大自然灾害之一,成为近百年来频发的世界性重大自然灾害现象。随着全球气候变暖、冰川大面积减小,干旱灾害已直接或间接地影响到人类的生存和生活质量,并对全球的可持续发展造成严重的威胁。据测算,全球每年因干旱造成的经济损失达到60亿~80亿美元,远远高于其他自然灾害[1]。干旱灾害已日益引起人们的高度重视。

特殊的自然因素和人为因素等,决定了我国是一个旱灾频发的国家。自然因素方面:我国大部分地区受东南和西南季风的影响,形成西北干旱、东南多雨的特征,并且年内和年际间降水量时空分布差异大,造成了我国旱灾频发;人为因素方面:人口增长、资源过度开发和水资源浪费造成地下水位下降、部分河网枯竭等问题。

内蒙古自治区由东北向西横贯我国北部边疆,东西长为4000km,南北宽为1700km,区域总面积为119.3万 km^2,平均海拔在1000m以上;处于干旱半干旱季风气候带,年降雨量为30~500mm,从东向西逐渐减少,植被分布极具条带性;远离海岸线,常年受大陆气团控制,气候干燥,以畜牧业为主,草原畜牧业占本区域面积的52%以上;草原分布在自治区中部,类型包括温凉半湿润草甸草原、温性典型草原、温性荒漠草原[2]。

据统计,内蒙古自治区轻旱以上的发生频率为89.6%,中旱以上发生频率为68.8%,大旱的发生频率为31.3%。内蒙古中西部达到十年九旱、五年一大旱,内蒙古东部也有三年两旱、七年一大旱的说法[3]。旱灾是内蒙古地区的主要自然灾害之一。

草原是草业的基础，草原质量的优劣与数量的多少决定了后续生产及整个草地产业的规模与效益，草原生产状况的好坏直接影响社会经济的发展。内蒙古草地气候条件的先天脆弱性及其地域的广阔性，多数区域受气候变化的影响较大，适应能力较弱，使得这些地区成为易受气候变化影响的敏感地带[4]。干旱由多种因素相互作用而形成，主要包括土壤蒸发、植被蒸腾、降水和土壤水分含量等水循环要素，因此准确地进行旱情监测需要地、空、天一体化观测系统的综合使用。卫星和航空遥感观测可以获取区域范围各种空间分辨率的地表信息，其优点是方便、快捷、监测范围广、并且能动态监测。地表站点实测数据更具针对性，能够获取多种地表参数，也更加准确，其对于遥感观测结果进行定标和真实性检验不可缺少[5]。遥感观测数据与地表实测数据相辅相成，能够及时地监测旱灾的发生、发展，准确地为有关部门提供旱灾强度、范围等信息。研究基于卫星遥感技术的干旱监测方法，对于认识和掌握旱灾规律，制定相应的对策减灾救灾，减轻旱灾对人民生活、资源环境和社会经济影响等具有十分重大的意义。同时，也对内蒙古地区实现社会经济的可持续发展具有重要意义。

1.2　遥感干旱监测研究进展

遥感干旱监测具有时效性强、技术成本的廉价性等特点，目前已被广泛应用于农业干旱监测之中[6]。农业干旱的发生常因作物根部土壤水分供应不足，使得作物蒸腾作用受到抑制，作物叶片气孔关闭，叶片温度升高，作物叶片的叶绿素含量下降甚至枯萎。因此，地表温度、植被指数及红外波段反射率的变化可以作为农业干旱的指示因子，一些学者从 20 世纪 60 年代末就开始从土壤和植被两个旱情载体入手，进行多种方法的尝试与探索。归结起来，在国内外旱情监测中得到广泛应用的遥感干旱监测方法可以分为五大类：基于土壤热惯量、基于地表反射波谱特征、基于地表能量平衡原理、基于综合温度与植被指数和基于微波遥感的干旱监测方法，现分述如下。

1.2.1 基于土壤热惯量的旱情监测

土壤热惯量是土壤阻止温度变化能力的一个热特性参数，它与土壤水分有着密切的关系，一般通过求解能量平衡方程获取。对于同一类土壤，含水量越高热惯量就越大，因此近年来，基于土壤热惯量的方法已经成为土壤水分和旱情监测的主要方法。Bowers等[7]进行了土壤水分与光谱反射率的关系以及土壤水分反演方法的研究，发现当裸地土壤含水量增加时，土壤的反射率减小，吸收率增加，这成为后来利用遥感方法进行土壤水分遥感监测研究的理论依据；Waston等[8]最早提出了一个利用地表温度日较差来推算热惯量的简单模型；Kahle[9]进一步发展了热惯量模型对土壤热惯量模型进行改进与优化，但仍然涉及地表温度、空气湿度、风速等较多参数；Rosema等[10]更进一步地提出了计算热惯量和每日蒸发模型；Price[11]在系统的研究土壤水分热惯量方法和热惯量成像原理的基础上，提出了表观热惯量（ATI）这一概念，从而使得用遥感数据计算的热惯量估算出土壤水分成为一种可能。我国20世纪80年代就利用国外经典模型的基础上的热传导方程制作了国内第一张热惯量图，1987年刘星文等[12]利用热惯量法进行的土壤水分监测的研究，证实了"真实热惯量"与表面反射率以及昼夜温差的非线性关系，用于土壤水分状况的监测和预报。同一时期，徐兴奎等[13]通过简化处理能量平衡方程直接推算出表观热惯量，并且建立了表观热惯量与土壤含水量之间的拟合模型，从而实现反演监测土壤水分含量分布的真实目的。李韵珠等[14]通过分析真实热惯量、反照率、昼夜温差等，建立模型研究土壤水分的空间分布。张仁华[15]利用热红外遥感建立地表潜热通量与感热通量的热惯量模型。余涛等[16]在前人工作的基础上考虑了地表显热和潜热因子，直接从遥感数据上得到改进的真实热惯量。郭茜等[17]利用热惯量模型，分析土壤表观热惯量与土壤水分之间的关系，建立干旱指数模型。

李星敏等[18]人利用 NOAA/AVHRR 数据，建立表观热惯量与土壤含水量的关系模型，进一步研究了地形以及地表覆盖类型对该模型的影响。陈怀亮等[19]将地面风速、地形因素加入了热惯量计算土壤水分模型，模型精度较高，但地面风速、地形数据获取困难。刘振华[20]综合考虑植被因素的影响，改进和求解了热惯量模型，热惯量模型的应用从裸土扩展到植被覆盖区，在植被覆盖区域使用双层膜性中的能量平衡方程，同时在热传导的边界条件中引入显热通量和潜热通量，通过利用每日中最大地表温度计算热惯量，在一定程度上提高了基于热惯量监测土壤水分的精度。但是，不能忽略的是基于土壤热惯量的旱情监测方法是有着一定的局限性的[21]。首先，由于其是在遥感技术的基础之上进行的，受天气的影响比较大，例如，在多云的天气中遥感数据的误差比较大；其次，惯量计算通常需要计算温度差，而在实际中，温度受植被的影响比较大，这样一来就很难获得土壤表面温度。因此，该监测方法比较适用于裸土或者植被覆盖较低的区域。这是由于当植被覆盖度较高时，可见光和近红外波段获取的是植被信息或土壤与植被的混合信息，而土壤的热特性信息却被掩盖。

1.2.2　基于植被指数的旱情监测

植被反射光谱的红外和近红外两波段的不同组合称为植被指数，并且是根据干旱缺水的条件，将会对植被的生理过程造成一定影响，进而改变植物叶片的光谱属性，影响植被冠层的光谱反射率的原理。植被指数法在一定程度上弥补了热惯量法的不足。遥感技术发展至今，被研建的植被指数已有 40 余种，其中 NDVI 为最为常用的一种植被指数[22]。太阳高度角及大气状态给观测带来的误差在一定程度上可被 NDVI 减少。土壤上层植被覆盖的生长状况直接受到土壤水分含量的控制，土壤水分含量的多少与植被指数之间存在着密切关系。目前已经利用的植被指数主要有植被状态指数、综合植被指数、植被水分指数等。Jakson 等[23]利用 NDVI 监测干旱，当水分胁迫严重影响植被生理活动时，生长将受到影响，这会使植被指数发生明显地变化，反映土壤湿度具有一定的滞后性。Prout 等[24]使用 NDVI 结合气象资料对加拿大东部地区的农田干旱进行了预测，预报了 1985 年的干旱对农业产量的影响。Kogan[25]的研究表明，NDVI 值会受到气候、土壤、植被类型分布以及地形条件的影响。NDVI 值相对较高会随着海拔的升高而增加，证明了地形地貌因会影响 NDVI 的估计，因而将其纳入会使监测结果可以增加反演结果的准确性。随着遥感技术手段的快速发展，遥感影像数据使用，用于土壤湿度反演研究的植被指数种类也不断增多。基于 NDVI 发展了植被状态指数（VCI）、距平植被指数（AVI）等遥感干旱监测指数。由 Kogan[26]提出植被状态指数 VCI 是基于 NDVI 反演得到的，与植被的生长状况（如灌溉、施肥、病虫害等）相关，除了极端干旱地区以外，可以反映不同年份和不同生态系统之间的植被综合生长情况，从而反映植被所受水分胁迫的状况。郭铌等[27]用 NOAA 卫星 AVHRR 传感器的归一化植被指数对甘肃土壤湿度进行了监测，结果表明植被指数模型反演的土壤含水率与20cm 土层深度土壤相对湿度、降水量的偏差一致。肖乾广等[28]在NDVI 的基础上，根据气象学上的距平的概念，提出了一种植被指数——距平植被指数（AVI）。AVI 利用当年的月值或旬值 NDVI减去多年 NDVI 月均值或旬均值得到 NDVI 偏离多年平均 NDVI 值的大小，该指标可以反映当前的植被生长状态与多年历史平均状态的差异从而间接反映土壤水分供应。居为民等[29]用NOAA/AVHRR 数据的距平植被指数，对 1994 年江苏省的干旱进行了监测。陈云浩等[30]利用此方法对我国北方不同土地覆盖类型下的土壤湿度含量进行了监测。盛永伟等[31]基于 NOAH‐NDVI数据利用距平植被指数对我国 1992 年的特大干旱进行了监测，AVI 以多年极端天气条件下的 NDVI 值作为量化气候影响的指标，从而消除了 NDVI 空间变化的影响，使不同地区之间有可比性。周咏梅[32]利用距平植被指数和干旱指数，提出确定干旱区与干旱等级的方法，并评估了 1995 年青海省牧区草场旱情，其与农业气象旬报的旱情分析结果相吻合。晏明等[33]使用距平植被指数进行了吉林省农作物干旱检测试验分析，结合气温与降水量资料，发现距平植被指数可以反映作物的干旱状况，但利用该指数监测旱情在时间上存在一定的滞后性。管晓丹等[34]利用 1982—2003 年 GIMMS-NDVI 数据分析了 VCI 对西北地区历史干旱的监测能力，结果表明 VCI 可以较好地反映西北大部分历史干旱的空间分布及其演变特征，但在西北区西部的灌溉农业区以及青藏高原高寒草原区 VCI 不能反映区域降水的多少。郭铌等[35]通过对比不同气候区 VCI 旱情监测值与降水距平的相关性，得出 VCI 指数在空间和时间上能够较好地反映多数气候条件下干旱发生、发展和空间分布，但在极端干旱荒漠地区，VCI 会出现异常偏高现象，会对干旱监测精度带来干扰。植被指数种类多样，适用范围广泛，能够弥补热惯量法的不足，但是存在计算参数精确估计难度大、对云层和地表类型的反应不灵敏等缺点。因此利用植被生长状态来对旱情进行监测具有一定的局限性。

1.2.3 基于综合温度植被指数的旱情监测

在植被覆盖条件下，利用植被指数作为水分胁迫指标表现出一定的滞后性。因此结合植被指数和陆面温度的复合信息监测区域旱情更显合理性。Nemani 等[36]在研究植被的蒸散时，首次将温度和植被指数（NDVI）结合起来，研究它们与植物潜在蒸散量之间的关系。Nemani[37]在 1984 年利用 VI-T_s 研究蒸散以来，这方面的理论和应用研究发展迅速。Goetz[38]利用不同分辨率遥感数据计算，结果发现地表温度（T_s）、NDVI 斜率与土壤湿度的相关联系，认为温度作为水分胁迫指标有更好的时效性，在干旱监测方面更有优势。Gillies 等[39]应用土壤-植被-大气传输模型模拟了土壤湿度，得到一系列土壤湿度的等值线。Sandholt 等[40]基于简化的 LST/NDVI 特征空间提出了水分胁迫指数与土壤湿度的联系，提出了温度植被干旱指数（TVDI），既考虑了区域内 NDVI 变化，又考虑了在 NDVI 值相同条件下 LST 的变化，反演了土壤表层湿度，该指数法的反演结果只表示土壤的相对湿度状态。Jain 等[41]利用 NOAA/AVHRR 数据，结合 TVDI 对印度西部的土地旱情状况进行研究，并对干旱状况划分了等级。Son 等[42]使用 MODIS 温度产品，运用 TVDI 法监测湄公河下游的农田土壤的干旱状况。Patel[43]研究通过 MODIS 温度产品和植被指数产品，应用植被干旱指数，评估印度北部半湿润地区土壤湿度的空间分布状况，在监测土壤水分方面取得了良好的效果。Kimura[44]对 TVDI 的干湿边方程的拟合方式进行改进，进而提出了改进的 TVDI。Liang 等[45]利用 TVDI 研究了中国干旱的时空变化特征以及干旱与气象因子之间的相关关系，结果表明，干旱发生的情况随中国地理区域变化而改变，在不同的地理区域，影响干旱的驱动因子也有所区别。Kogan[46]在前人的研究基础上提出植被供水指数（VSWI），当作物供水正常时，遥感得到的植被指数在一定生长期内保持在一定的范围，作物冠层温度也保持在一定的范围；当作物供水不足时，作物生长会受到影响，从而导致植被指数降低。McVicar 等[47]发现在干旱发生期间内 VSWI 增加，以月为单位的 VSWI 年累计量与年降水量的倒数呈现显著关系，并应用与干旱监测。Moran 等[48]采用植被供水指数模型（VSWI）对植被根系的土壤湿度情况进行分析，并取得了良好的监测结果。Rahimzadeh 等[49]利用 MODIS 数据构建了加拿大草原的 LST - NDVI 特征空间并求取了 TVDI，将其与对应时间内的土壤水分进行回归拟合，最终得到了加拿大草原土壤水分的空间分布结果。刘良云等[50]利用地表温度（LST）与植被指数（NDVI）构建 LST - NDVI 特征空间来监测土壤湿度；全兆远等[51]利用 MODIS 产品数据的植被指数（NDVI/EVI）和地表温度（LST）分别构建多种特征空间，计算并分析了这几种干旱指数，并对其不同之处以及适用范围作了结论。夏燕秋等[52]利用 Landsat 遥感影像数据，对白龙江流域进行了干旱监测，并利用野外实测的土壤含水率数据，对 2014 年的干旱监测结果进行验证，结果表明温度植被干旱指数法与 20～40cm 土层深度的土壤含水率密切相关，是一种近实时的表层干旱监测方法。王思楠等[53]利用 Landsat8 和 MODIS 两种遥感数据分别计算 TVDI 指数，与野外实测的 0～10cm、10～20cm、20～30cm 土层深度的土壤水分进行相关分析，发现依据高分辨率的 Landsat8 适合区域土壤表层 0～10cm 的干旱监测。伍漫春等[54]以 TM 数据为基础，构建不同植被指数-地表温度特征空间，对渭干河-库车河三角洲绿洲表层土壤水分进行反演，取得了良好的效果。王娇等[55]对温度植被干旱指数（TVDI）和改进型温度植被干旱指数（iTVDI）与土壤水分进行分析，说明植被干旱指数受多种因素的影响，对土壤水分分析容易产生滞后性，因此会带来很大的误差。为克服这些不足，人们又逐步引入 DEM 进行地形校正。季国华等[56]利用 Landsat8 OLI/TIRS 数据结合"干边修订"的温度植被干旱指数（MDTVDI）建立旱情监测模型，并利用实测含水率对其进行对比分析，得出 MDTVDI 更适合研究区干旱状况的监测。鲍艳松等[57]利用滤波方法计算温度植被干旱指数，能填补植被指数和地表温度缺失的数据，是一种有效的改进手段。曹张驰等[58]利用 MODIS 多时段遥感数据计算温度植被干旱指数和植被供水指数（VSWI），利用 2 种指数模型对临沂地区 2012 年 4—11 月的干旱进行了监测，并在时间和空间上分析了临沂地区干旱的特征变化。王鹏新等[59]在利用 VCI、TCI 和 AVI 监测年度间相对干旱程度的基础上，提出了条件植被温度指数（VTCI）。通过对比分析 VTCI 的干旱监测结果与累计降水距平的干旱监测结果，发现两者基本吻合，说明 VTCI 是一种有效的干旱监测指标。孙威等[60]利用 NOAA‐AVHRR 数据对山西关中平原地区进行了干旱监测，并利用降水资料对近 5 年来 5 月上旬的干旱监测结果进行验证，结果表明 VTCI 与降水量密切相关，是一种近实时的干旱监测方法。杨鹤松等[61]应用 MODIS 多时段的数据计算 VTCI，利用 VTCI 对华北平原 2003—2006 年的干旱进行监测，并在时间和空间上分析华北平原的干旱状况。综合温度植被指数特征空间法适用于监测区域级裸地、完全植被或部分植被覆盖的干旱，监测精度稳定的提高。

1.2.4 基于地表反射波谱特征的干旱监测

干旱会引起土壤水分降低，导致植被水分供应不足，叶片含水量降低，严重时造成植被蒸腾作用受到抑制，叶片的叶绿素含量下降甚至枯萎，土壤与植被的这种变化会引起遥感相应波段反射率的变化，这一原理可用来监测干旱。Henrickson[62]对埃塞俄比亚1983—1984 年的干旱情况，利用多时相 NOAA/AVHRR 可见光-近红外波段影像进行了监测，取得了较满意的结果。Gao[63]提出了归一化差值水体指数（NDWI），并将其用于作物水分含量制图和草地等干旱监测。Gu 等[64]基于 NDVI 与 NDWI 的关系，构建了归一化差异干旱指数（NDDI）。Jain 等[65]用 MODIS 近红外波段和短波红外波段构建归一化湿度指数（NDMI）进行了森林水分监测，并取得良好效果。Wang 等[66]利用近红外与短波红外波段的组合有效的监测土壤含水量，由此提出了归一化多波段干旱指数（NMDI）。Fensholt 等[67]的研究发现，在植被覆盖度较低或作物生长前期的条件下利用植被水分指数进行干旱监测并不适用，因此基于 860nm和 1640nm 波段构建了红外水分胁迫指数（SIWIS），张红卫等[68]通过分析 MODIS 位于水汽吸收区的第 6、第 7 波段数据对水分反射率的变化较敏感的特性，研究了反演土壤含水量的新指标地表含水量指数（SWCI）；张红卫等[69]结合 NDVI，基于 SWCI 提出了农田表层土壤湿度指数（CSMI），在一定程度降低了土壤湿度反演精度因植被覆盖变化而引起的不稳定性；但红外、光学遥感资料因其穿透能力较差，在应用中存在受云、大气及植被影响较大的不足，因此该方法即使反演裸土土壤水分，也仅对表层的土壤墒情有较好的反映。郑有飞等[70]基于 2005 年和 2006 年的 AMSR-E 亮温数据，选取了求算的 8 个亮温比值中相关性较好的干旱指数，对 2006年 3 月河北省的干旱分布进行了研究，并利用同期的降水距平百分率对比分析反映出该干旱指数的实用性。张佳华等[71]认为地面遥感以 1480～1750nm 光谱波段监测植被冠层水分为宜，而卫星遥感则以 1550～1750nm 的高反射率光谱波段来监测最佳。基于植被冠层叶片水分的光谱特性，李华朋等[72]基于松嫩平原2001—2010年的 MODIS 数据，详尽分析了植被水分指数对农业干旱监测的适宜性和敏感性，结果说明植被水分指数（特别是 NDII6 和 NDII7）比植被状态指数对农作物的干旱状况反应更直接。这些指数都是基于不同波段间的差值或比值关系构建的。在此基础上，詹志明[73]发现土壤含水量的变化会引起光谱特性的变化，并利用 NIR - Red 光谱特征空间建立了土壤湿度监测模型。Ghulam 等[74]将其定义为垂直干旱指数（PDI），Qin 等[75]对 PDI 的干旱监测能力进行了评估研究。Ghulam 等[76]在 PDI 的基础上引入植被覆盖度，通过对光谱特征空间的混合像元进行分解，得到了改进的垂直干旱指数（MPDI）。姚云军等[77]利用 MODIS 短波红外波段对水分敏感的特点，构建了短波红外光谱特征空间，进而提出了短波红外土壤湿度指数（SISMI），研究表明其对 10cm 深度的土层土壤含水量具有较高的估算精度。董婷等[78]进一步研究了短波红外波段与植被土壤水分变化关系，构建了 MODIS 短波红外水分胁迫指数（MSIWSI），研究表明 MSIWSI 模型与实测土壤湿度的相关性更高。吴春雷等[79]通过对遥感波段构成的光谱特征空间进行分析后，在垂直植被指数（PVI）的基础上建立调整垂直干旱指数（VAPDI）并对植被覆盖区域土壤湿度进行遥感反演，有效地提高了农田植被区土壤湿度遥感反演的精度。杨学斌等[80]在宁夏、内蒙古等地基于 PDI 和 MPDI 方法监测区域干旱，并得到了较好的效果。郭兵等[81]基于红光-近红外光谱反射率特征空间并引进增强植被指数，提出了一种土壤水分监测的新方法——EPDI 指数模型，并在此基础上提取了土壤水分指数 SWEPDI。反演精度相比 PDI、MPDI 分别提高了 36.83% 和 29.35%，能够更好地反映地表水热条件和植被覆盖度状况。刘茜[82]利用 MODIS 数据计算得到能量指数结合土壤湿度实测数据，探讨能量指数法在黑龙江省干旱监测中的适用性，结果表明该方法可以较好地反映研究区旱情分布状况。李菁[83]基于 MODIS 卫星资料和研究区内测墒站的不同土层深度的土壤水分数据，利用 3 种干旱遥感指数（即 MEI、PDI 和

SWCI) 对 2008 年 4—9 月的土壤水分进行了反演和比较分析，结果说明 3 种指数均能准确、及时地获取大范围内的土壤湿度情况及干旱分布。刘英等[84]基于神东矿区 TM/ETM+影像数据，提出了基于短波红外（波段 7）-近红外（波段 4）特征空间的土壤湿度监测指数（SMMI），并利用 4 期时相相近的 TM/ETM+数据对神东矿区土壤湿度进行了评估，指出神东矿区土壤湿度 20 年来呈上升趋势，指出该方法具有不依赖土壤深度变化的优点。

1.2.5 基于地表能量平衡原理的旱情监测

蒸散发是衡量一个地区水量是否平衡的重要依据，其不仅在水循环过程中有着极其重要的作用，更是生态过程和水文过程的重要纽带。因此，通过建立蒸散模型来对区域内水量的蒸散发是进行旱情监测的一个重要手段。目前使用广泛的有陆面能量平衡方法（SEBAL）、地表能量平衡系统（SEBS）、大气-陆地交换反演模型（ALEXI）、北部生态系统生产力模拟模（BEPS），以及其他一些改进的蒸散模型。Jackson 等[85]对小麦的研究中提出简单的统计模型，蒸散发估算利用净辐射以及正午地表温度和近地层空气温度的差值呈现简单线性关系。Carlson 等[86]基于上面的方法提出了新的简化模型，利用 50m 高处的空气温度和地表温度差值，结果发现蒸散量和植被覆盖度有极好的相关性。Bastiaanssen 等[87]提出的 SEBAL 是单层模型。Allen 等[88]进一步发展了 SEBAL 模型，结合他们多年的经验提出了蒸散估算的 METRIC 方法。所不同之处在于 METRIC 方法对于干点和湿点的参数化做了改进。Sugita[89]提出的 SEBS 用于估算大气的湍流通量和蒸发比，是基于地表能量平衡方程建立的，应用对遥感数据处理所获得的一系列地表物理参数，结合地面同时观测的气象资料，对大区域范围地表能量通量进行估算，还提出一种经验的 kB^{-1} 确定方法，减小了不确定因素带来的误差。SEBS 模型比 SEBAL 模型在理论上有所改进，但也有更多数据需求。Norman 等[90]提出了估算蒸散的双层模型，提出利用热红外遥感数据直接估算植被蒸腾和土壤蒸发的方法，并在估算方法中剔除了单层模型中的附加阻抗，且进一步对模型进行了修订，不再使用 Beer 定律进行能量分配，而是对植被和土壤分别构建辐射平衡方程。此外对土壤阻抗部分进行了改进，这一改进的模型称为 TSEB 模型。Anderson 等[91]在 Norman 的双层模型基础上，结合一个简化的边界层模型构建了双时相双层模型，被称为 ALEXI 模型。结合静止气象卫星数据估算了整个美国的蒸散分布情况。刘昭等[92]研究表明，BEPS 模型能较好地模拟农业气象试验站冬小麦生长季根层土壤水分的动态变化。张长春等[93]采用 SEBS 模型来对黄河三角洲区域的蒸散量进行了估算，同时结合同时期该地区的降水量，确定了该地区的干旱程度。隋洪智等[94]根据能量平衡原理，提出了部分植被覆盖条件下的农田蒸散双层模型，进一步研究了蒸散情况。目前基于蒸散模型的干旱监测模型普遍存在计算复杂、数据输入繁多且难以获取的问题，很大程度上限制了该类方法的应用与推广，而基于植被指数与地表温度特征空间的三角算法是在 priestley taylor（PT）公式的基础上提出的。该方法计算过程相对简单，能够在缺乏气象数据或其他站点辅助数据的条件下，仅依靠遥感数据进行大面积蒸散估算，因此在研究中得到了广泛应用。郑有飞等[95]从不同角度改进了三角算法，并利用多种传感器，通过不同的参数化方案，提出了简化型蒸散胁迫指数（SESI），其计算简单，兼顾了物理学和生物学，在春、秋季监测中效果很好。李红军等[96]对影响地表能量平衡因素进行了研究，提出了温度蒸散旱情指数法（TEDI），使 TEDI 可以更准确地反映出下垫面的土壤墒情状况。杨永民等[97]基于 VFC/LST 参数空间构建了改进的遥感蒸散模型能够实现可靠的蒸散估算，且优于传统的梯形参数空间模型（TIM），并适用于非均匀下垫面的蒸散估算。相比于其他旱情监测方法[98-100]，基于蒸散模型的旱情监测方法的作用主要体现在两个方面：一是该监测方法能够直观地显示出一个地区的水分收支状况，可以根据该状况结合降水量对该地区的旱情进行正确的估测；二是该监测方法具有较强的地域性，虽然说地域性从某个方面限制了该监测方法的应用范围，使得该监测方法只能应用于局部地区，但从另一个角度来说，也使得该监测方法具有很大的可操作——简单易行。

1.2.6　基于微波遥感的旱情监测

众所周知，土壤水分的含量对于土壤的介电特性有着很大的影响并呈正相关，水分的介电常数大约为 80，干土的介电常数仅为 3 左右，它们之间存在较大的差异。土壤的介电常数随土壤湿度的变化而变化，因而土壤水分的变化会导致遥感图像上灰度值的变化，依此进行土壤湿度监测[101]。而微波对于土壤的湿度又极为敏感，因此通过建立土壤含水量和微波后向散射系数两者之间的关系就能够对旱情进行全天候的实时监测。目前，微波遥感技术以其全天候、全天时的工作特征以及对植被、土壤有着一定的穿透能力而成为最主要的旱情监测方法。微波遥感土壤水分监测法可分为主动与被动微波遥感监测法两种。Ulaby 等[102]对土壤含水率同雷达参数的相关性进行了分析，通过研究发现土壤含水率处于田间持水量的 50%～150% 时，植被覆盖会对含水率结果造成影响，这时可建立线性关系排除植被因素在土壤含水率结果中的影响，根据此原理也可以对植被的覆盖、生长情况进行进一步估计。Dobson 等[103]的研究表明，对于水分过干的或过饱和的土壤，非线性关系相较于线性关系更加适合。土壤表面粗糙度同样影响着反演结果，对主动微波的影响大于被动微波。Sahoo 等[104]对土壤表面粗糙度对土壤含水率反演结果的影响进行了研究。Paloscia 等[105]采用 C 波段雷达数据研究了不同类型农田表面的土壤湿度估算方法，基于贝叶斯理论建立了土壤湿度提取的统计模型。Puris 等[106]采用热带测雨卫星的雷达数据，分别研究了高、低两种植被覆盖情况下土壤湿度和雷达后向散射系数之间的关系，根据试验建立土壤湿度与后向散射系数之间的非线性方程。Frate 等[107]首先利用微波遥感计算出比辐射率，再经过 2 个隐藏层的 BP 神经网络模型的训练，反演了土壤水分。Bindlish 等[108]用 AIEM 模型进行反演，得到了与实际土壤水分相关性高达 0.95 的结果。Gherboudj 等[109]利用多极化多角度的

雷达数据，采用水云模型对农田的粗糙度、作物水分和土壤湿度进行了估计。我国对于基于微波遥感的土壤湿度监测研究开始于 20 世纪 90 年代。李杏朝[110]的研究基于后向反射系数法，其对于土壤后向反射系数进行了测量，将获取的机载微波数据与同步试验测得的地面土壤含水率进行了相关性分析，效果良好。邓孺孺等[111]利用机载合成孔径雷达数据，对河南省封丘县的麦田土壤含水量进行了反演。高峰等[112]利用微波遥感对土壤湿度含量的监测，剔除了土壤表面粗糙度、土壤纹理结构等条件的影响，并重点指出了植被对主动微波遥感土壤湿度的影响。戈建军等[113]通过试验，发现遥感影像上提取的亮度温度，不但受到土壤湿度的影响，还受植被反射、散射影响，因此建立了土壤湿度微波遥感中的植被散射模型，依此来达到消除植被影响的目的。张钟军等[114]使用了一种基于辐射传输理论的离散模型来研究植被的发射率、传输率。此外，我们需要注意的是，微波遥感旱情监测技术仍然有着不足之处。首先，利用微波遥感对旱情进行监测，其空间和时间分辨率难以和光学和红外遥感相比，这是由微波成像机理所决定的；其次，微波遥感的后向散射系数受土壤表面粗糙度和植被的影响很大，这也就使得如何降低或消除地表粗糙度和植被对微波的影响成为目前利用微波遥感来对旱情进行监测的主要研究方向。

1.2.7　其他旱情监测方法

云在模型参数中占据着重要的地位，可见模型中云检测的重要性。云覆盖着 50% 以上的天空，根据云底高度分为高云族、中云族和低云族。云的光谱性质与其光学厚度、形状、形成以及云粒半径密切相关。针对这一问题，谭德宝等[115]首先提出了基于 MODIS 数据的旱情监测模型，将云作为参数引入到旱情监测中，避免了许多传统的参数反演需要严格大气校正过程和光学遥感易受云的影响而无法反演出各种参数的问题。刘良明等[116]提出了基于云的干旱遥感监测方法——云参数法，将云作为旱情信息提取的基础，研究思路为：若像元无云覆盖，不可能发生降水，地面接收的太阳短波辐射增强，引起地面温度上升，进而导致蒸发、蒸腾作用加强，干旱的可能性趋势增大。反之，有可能发生降水，辐射减弱，蒸发、蒸腾作用减弱，干旱的可能性趋势减小。余凡[117]利用 FY - 2C 数据建立 MODIS 旱情监测模型，将模型参数简化为昼夜温差、连续最大无云天数、连续最大有云天数、无云天数比，实现了全国范围内的旱情监测。樊倩[118]利用 FY - 2C 数据，研究时序亮度温度变化，建立时序统计参量与干旱结果的回归模型。杨娜[119]对 MODIS 旱情监测模型进行改进，仅保留三个云参数，建立了云参数法旱情遥感监测模型，基于云参数旱情遥感监测模型与集合卡尔曼滤波的土壤湿度同化进行研究，并对甘肃省进行了试验分析与验证。张穗等[120]利用欧洲静止气象卫星数据，建立云参数法旱情遥感监测模型对非洲地区进行了旱情监测，证明了其在非洲地区的适用性。孙岩标[121]利用 ArcEnaine 和 IDL 语言设计并实现了基于云参数法的遥感干旱监测系统。在实际应用中，基于云参数法的遥感干旱监测系统的数据与地面统计数据基本吻合，在干旱程度与范围方面基本一致，证明了该技术在大范围旱情监测评估中的适用性。

前述这些遥感干旱监测方法主要基于干旱发生过程中的土壤水分胁迫或植被生长状况，未直接考虑降水盈亏因素。干旱是一种综合过程，单一的气象干旱或农业干旱指数并不能全面反映整个干旱发生发展过程。Bayarjargal 等[122]认为单一地从植被指数或地表温度以及它们的组合生成的干旱监测指数，存在很大不确定性，并对其可靠性提出了质疑，Quiring 等[123]的研究结果也显示，仅仅基于植被生长状态来判断干旱的遥感监测方法——条件植被指数（VCI）的适用性存在地区差异，不能反映致旱因素中的降水盈亏信息。随着微波雷达遥感技术的发展，从卫星空间传感器上便可连续地对大气降水情况进行估测，特别是热带降水测量卫星（TRMM）发射之后，遥感降水量数据便开始被许多学者应用到气候、气象及水文等研究领域中来。Almazroui[124]认为 TRMM 数据的精度已基本接近气象站点观测的雨量数据，完全可用于降水有关的研究和分析；李景刚等[125]基于 TRMM 数据分析刻画了中国西南地区 2010 年发生的重大干旱过程。杨绍锷等[126]用遥感技术获取的 TRMM 降水估计数据，从空间上计算了传统的干旱监测指标——月降水量距平百分率，并将结果与地面气象站点观测的数据进行了比较，最后得出由 TRMM 数据计算的月降水量距平百分率可作为旱情监测的有效手段。近年来还发展了一些考虑多因素的综合干旱监测指数，如 Kogan[127]在 TCI 和 VCI 指数的基础上提出植被健康指数，通过赋予 TCI、VCI 指数不同的权重加和而得，具有良好的旱情监测效果，监测的尺度从区域范围扩大到全球。Rhee 等[128]基于植被健康指数（VHI）提出了多源遥感数据的干旱指数 SDCI，该指数是对 NDVI、LST、TRMM 数据进行最大最小值标准化后的线性结合，以帕默尔 Z 指数年际变化趋势及作物产量的相关性进行验证，证明该指数在不同气候区域中，比 VHI 的监测效果更好。Brown 等[129]于 2008 年提出的植被干旱响应指数（veg-DRI）；Wu 等[130]依据 VegDRI 指数的思想，提出的表层综合干旱指数（ISDI）；Du 等[131]在考虑植被、土壤和降水亏缺等致旱因素的基础上，利用主成分变换构建的综合干旱监测指数（SDI），随后在 2013 年又综合了土地利用类型、土壤有效持水量等因素，利用分类回归树方法对 SDI 进行了改进；孙丽等[132]基于该研究成果，提出了综合线性加权干旱监测指数（IMDI），该指数由 TVDI 和降水距平指数（PPAI）构成，与 10cm 深度土层土壤水分拟合及标准化降水指数（SPI）关系对比分析，认为该指数能够进行该区域的干旱监测，且较 TVDI 更具稳定性。匡昭敏[133]基于应用较为广泛的 MODIS 遥感数据并融合 ETM 数据，根据 VCI 和 TCI 构建了新的遥感旱情监测指数（DI），并针对以甘蔗为主要种植作物地区，进行大面积的干旱监测。包欣[134]挖掘气象站点数据、遥感数据和土壤墒情数据三种不同类型干旱监测信息，构建多指标干旱监测模型，在模拟河南春季旱情监测中取得了较好的效果。杜灵通[135]基于 MODIS 地表温度产品、植被指数产品和 TRMM 降水估计产品等遥感数据和气象站观测数据资料，在综合考虑植被生长状态、土壤水分胁迫和气象降水亏缺等致旱因子的基础上，基于分类回归树（CART）思想建立了综合干旱信息提取的半经验半机理模型。郭佳[136]利用 2001—2010 年 MODIS、TRMM、SRTM‐DEM 及气象数据，以河南省为研究对象，提取干旱致灾因子，并引入随机森林算法，构建了基于随机森林的遥感干旱监测模型。利用标准化蒸散发指数（SPEI），结合 10cm 深度土层土壤相对湿度对模型进行了验证，有良好的干旱监测能力。这些指数的发展，表现为由单因素向多因素、由单指标向多指标综合发展，为干旱的综合监测提供了新的思路。

1.2.8 目前存在的问题和不足

基于遥感的旱情监测经过了 50 年的发展，在旱情监测中发挥了突出的作用，但各种模型在应用中也存在以下不足与缺陷：

（1）干旱监测方法种类繁多，但各有缺陷。基于单一干旱指数监测模型虽然表现出较好的优势，可见光和红外数据主要是通过干旱影响植被指数和地表温度进行旱情监测，但实际中引起植被指数和地表温度变化的不止干旱一种原因；该类方法对地表覆盖类型的依赖性较强，且不同的方法都有其适应性，难以进行长时间、大范围的干旱监测；微波遥感通过对土壤湿度与亮温、NDVI 等进行相关性分析，但易受地面观测点及遥感数据分辨率的限制。在受到沙漠化背景、地形等因素影响时，单一干旱指数监测模型无法精确地反映旱情状况。综合多指数监测模型是研究复杂背景的旱情状况的新途径。

（2）缺乏正演型干旱遥感监测模型。目前干旱遥感监测模型基本上都是从干旱导致的各种地表现象以及地物反应中获取信息并建立模型，如根据干旱会导致植被指数减小以及地表温度升高的原理建立反演模型。但是这一类方法具有一定的延时性和片面性。因此建立一种从干旱的成因出发分析导致干旱发生的原因，建立正演模型有一定的必要性。

第2章 研究区自然概况及数据资料

2.1 研究区自然概况

2.1.1 地理环境

内蒙古自治区位于我国的北部边疆,由东北向西南斜伸,呈狭长形。坐标西起东经 97°12′,东至东经 126°04′,横跨经度 28°52′,相隔 2400 多 km;南起北纬 37°24′,北至北纬 53°23′,纵占纬度 15°59′,直线距离为 1700km;全区总面积为 118.3 万 km²,占全国土地面积的 12.3%,居全国第三位。东、南、西依次与黑龙江、吉林、辽宁、河北、山西、陕西、宁夏和甘肃 8 省(自治区)毗邻,跨越三北(东北、华北、西北),靠近京、津;北部同蒙古国和俄罗斯联邦接壤,国境线长为 4221km。

2.1.2 地质

内蒙古自治区地域辽阔,地层发育齐全,岩浆活动频繁,成矿条件好,矿产资源丰富。以北纬 42°为界,可分为两个Ⅰ级大地构造单元。北纬 42°线以北为天山-内蒙古-兴安地槽区,以南为华北地台区。中、新生代时受太平洋板块向西俯冲的影响,内蒙古东部地区形成北北东向的构造火山岩带,即新华夏系第三隆起带。内蒙古存在着两个全国著名的Ⅱ级成矿带,就在这两大Ⅰ级构造单元接触轴部和新华夏系第三隆起带上。前者为华北地台北缘金、铜多金属Ⅱ级成矿带,后者为大兴安岭Ⅱ级铜多金属成矿带。

2.1.3 地貌

内蒙古自治区的地貌以蒙古高原为主体，具有复杂多样的形态。除东南部外，基本是高原，占总土地面积的 50% 左右，由呼伦贝尔高平原、锡林郭勒高平原、巴彦淖尔高平原、阿拉善高平原及鄂尔多斯高平原等组成，平均海拔为 1000m 左右，最高点贺兰山主峰海拔为 3556m[137]。高原四周分布着大兴安岭、阴山（狼山、色尔腾山、大青山、灰腾梁）、贺兰山等山脉，构成内蒙古高原地貌的脊梁。内蒙古高原西端分布有巴丹吉林、腾格里、乌兰布和、库布其、毛乌素等沙漠，总面积为 15 万 km²。在大兴安岭的东麓、阴山脚下和黄河岸边，有嫩江西岸平原、西辽河平原、土默川平原、河套平原及黄河南岸平原。这里地势平坦、土质肥沃、光照充足、水源丰富，是粮食和经济作物主要产区。在山地与高平原、平原的交接地带，分布着黄土丘陵和石质丘陵，其间杂有低山、谷地和盆地分布，水土流失较严重。全区高原面积占比为 53.4%，山地面积占比为 20.9%，丘陵面积占比为 16.4%，河流、湖泊、水库等水面面积占比为 0.8%，其他面积占比为 8.5%。

2.1.4 气候

内蒙古自治区地域广袤，所处纬度较高，高原面积大，距离海洋较远，边沿有山脉阻隔，气候以温带大陆性季风气候为主。有降水量少而不匀、风大、寒暑变化剧烈的特点。大兴安岭北段地区属于寒温带大陆性季风气候，巴彦浩特—海勃湾—巴彦高勒以西地区属于温带大陆性气候。总的特点是春季气温骤升，多大风天气，夏季短促而炎热，降水集中，秋季气温剧降，霜冻往往早来，冬季漫长严寒，多寒潮天气。全年太阳辐射量从东北向西南递增，降水量由东北向西南递减。年平均气温为 0~8℃，气温年差平均为 34~36℃，日差平均为 12~16℃。年总降水量为 50~450mm，东北降水多，向西部递减。东部的鄂伦春自治旗降水量达 486mm，西部的阿拉善高原年降水量少于 50mm，额济纳旗年降水量为

37mm。蒸发量大部分地区都高于 1200mm，大兴安岭山地年蒸发量少于 1200mm，巴彦淖尔高原地区蒸发量达 3200mm 以上。内蒙古日照充足，光能资源非常丰富，大部分地区年日照时数都大于 2700h，阿拉善高原的西部地区日照时数达 3400h 以上。全年大风日数平均为 10～40d，70％发生在春季，其中锡林郭勒、乌兰察布高原大风日数达 50d 以上；大兴安岭北部山地大风日数一般在 10d 以下。沙暴日数大部分地区为 5～20d，阿拉善西部和鄂尔多斯高原地区沙暴日数达 20d 以上。阿拉善盟额济纳旗的呼鲁赤古特大风日年均为 108d[137]。

2.1.5　水文

内蒙古自治区共有大小河流 1000 余条，我国的第二大河——黄河由宁夏石嘴山附近进入内蒙古，由南向北，围绕鄂尔多斯高原，形成一个马蹄形。其中流域面积在 1000km^2 以上的河流有 70 多条；流域面积大于 300km^2 的有 258 条。有近千个大小湖泊。全区地表水资源量为 671 亿 m^3，除黄河过境水外，区内自产水源为 371 亿 m^3，占全国总水量的 1.67％。地下水资源为 300 亿 m^3，占全国地下水资源的 2.9％。扣除重复水量，全区水资源总量为 518 亿 m^3。年人均占有水量为 2370m^3，耕地平均占有水量为 1 万 m^3/hm^2，平均产水模数为 4.41 万 m^3/km^2。内蒙古水资源在地区、时程的分布上很不均匀，且与人口和耕地分布不相适应。东部地区黑龙江流域土地面积占全区的 27％，耕地面积占全区的 20％，人口占全区的 18％，而水资源总量占全区的 65％，人均占有水量为 8420m^3，为全区均值的 3.6 倍。中西部地区西辽河、海滦河、黄河 3 个流域的总面积占全区的 26％，耕地占全区的 30％，人口占全区的 66％，但水资源仅占全区 25％，其中除黄河沿岸可利用部分过境水外，大部分地区水资源紧缺[137]。

2.1.6　地表水

内蒙古自治区平均地表年径流量为 291 亿 m^3，占河川径流总量的 78％；多年平均径流量为 80 亿 m³，占河川径流总量的 22％。由于河川径流受大气降水及下垫面因素的影响，年径流量地区分布不均，水资源也不平衡，局部地区水量富而有余，而大部分地区干旱缺水。同时，河川径流年内分布不均，年际间变化比较大。年降水集中在 6—8 月，汛期径流量占全区径流量的 60％～80％。历年间径流量大小不匀，相差很大。年径流量最大值与最小值的比值：东部林区各河流为 4～12，中部各河流为 6～22，西部地区各河流高达 26 以上。此外，从区外流入自治区区内的河川径流量有 330.6 亿 m³，其中黄河入境的平均年径流量为 315 亿 m³，额济纳河入境的平均年径流量为 8.4 亿 m³。

2.1.7 地下水

内蒙古自治区地下水平均资源量为 254 亿 m³。山丘区地下水平均年资源量为 113 亿 m³，占全区地下水资源量的 44％。其中河川径流量为 80 亿 m³，占山丘区地下水资源量的 71％。平原区地下水水平均年资源量为 172 亿 m³，扣除与山丘区地下水资源量的重复计算后，占全区地下水资源量的 56％。自治区地下水资源的分布受大气降水、下垫面条件和人类活动的影响，具有平原多、山丘区少和内陆河流域更少的特点。自治区平原区扣除与山丘区地下水资源量间的重复计算后的地下水资源模数，一般为 5.9 万～6.5 万 m³/km²，为山丘区地下水平均水资源模数的 2.2～2.7 倍。内陆河流域地下水资源模数为 1.1 万 m³/km²，因而地下水资源十分贫乏，只是在内陆闭合盆地的平原或沟谷洼地，地下水才比较富集。全区按自然条件和水系的不同，分为大兴安岭西麓黑龙江水系地区、呼伦贝尔高平原内陆水系地区、大兴安岭东麓山地丘陵嫩江水系地区、西辽河平原辽河水系地区、阴山北麓内蒙古高平原内陆水系地区以及阴山山地、海河、滦河水系地区和阴山南麓河套平原黄河水系地区、鄂尔多斯高平原水系地区、西部荒漠内陆水系地区。

2.1.8　土壤

内蒙古自治区地域辽阔，土壤种类较多，其性质和生产性能也各不相同，但其共同特点是土壤形成过程中钙积化强烈，有机质积累较多。根据土壤形成过程和土壤属性，分为 9 个土纲，22 个土类。在 9 个土纲中，以钙层土分布最少。内蒙古土壤在分布上东西之间变化明显，土壤带基本呈东北—西南向排列，最东为黑壤地带，向西依次为暗棕壤地带、黑钙土地带、栗钙土地带、棕壤土地带、黑垆土地带、灰钙土地带、风沙土地带和灰棕漠土地带。其中黑土壤的自然肥力最高，结构和水分条件良好，易于耕作，适宜发展农业；黑钙土自然肥力次之，适宜发展农林牧业。

2.1.9　植被

内蒙古境内植被由种子植物、蕨类植物、苔藓植物、菌类植物、地衣植物等不同植物种类组成。植物种类较丰富，已搜集到的种子植物和蕨类植物共计 2351 种，分属于 133 科，720 属。其中，引进栽培的有 184 种，野生植物有 2167 种（种子植物 2106 种，蕨类植物 61 种）。植物种类分布不均衡，山区植物最丰富。东部大兴安岭拥有丰富的森林植物及草甸、沼泽与水生植物。中部阴山山脉及西部贺兰山兼有森林、草原植物和草甸、沼泽植物。高平原和平原地区以草原与荒漠旱生型植物为主，含有少数的草甸植物与盐生植物。内蒙古境内草原植被由东北的松辽平原，经大兴安岭南部山地和内蒙古高原到阴山山脉以南的鄂尔多斯高原与黄土高原，组成一个连续的整体，其中，草原植被包括世界著名的呼伦贝尔草原、锡林郭勒草原、乌兰察布草原、鄂尔多斯草原等。荒漠植被主要分布于鄂尔多斯市西部、巴彦淖尔市西部和阿拉善盟，主要由小半灌木盐柴类和矮灌木类组成，共有种子植物 1000 多种。植物种类虽不丰富，但地方特有种类的优势作用十分明显[137]。

2.2 数 据 资 料

2.2.1 MODIS 数据

1999 年 12 月 18 日，美国成功发射了极地轨道环境遥感卫星 Terra，这是美国地球观测系统（EOS）的第一颗极地轨道环境遥感卫星，也是第一个对地球过程进行整体观测的系统。该卫星轨道高度为 705km，且轨道卫星过境时间为地方时 10：30 左右，所以也称为上午星。该卫星一天可以获得某区域 4 次影像，它的主要目标是实现从单系列极轨空间平台上对太阳辐射、大气、海洋和陆地进行综合观测。MODIS 全称为中分辨率成像光谱仪，是当前遥感领域新一代"图谱合一"的光学遥感器，共有 36 个离散波段，光谱范围宽，从可见光到热红外全光谱覆盖。多波段数据可提供反映陆地、云边界、云特性、海洋水色、浮游植物、生物地理、化学、大气中的水汽、地表温度、云顶温度、大气温度、臭氧和云顶高度等特征的信息。可用于对下垫面和大气状况的进行长期全球观测。MODIS 数据更新周期短（周期为两天），波谱范围和空间覆盖范围广，能够对地球进行近乎连续的观测[138]。

MODIS 具有 36 个波段，每个波段有不同的用途，产生了丰富的数据产品，如地表温度、地表反射率、叶面积指数、植被指数等，它们被应用广泛。

MODIS 陆面工作组对 MODIS 影像数据进行了加工与处理，提供了地表温度、叶面积指数、植被指数等 44 标准数据种产品。根据数据产品特征划分为校正数据产品、陆地数据产品、海洋数据产品以及大气数据产品，各种数据产品具有不同的时间分辨率和空间分辨率，被广泛用于中大尺度气候、生态、环境、资源等领域的研究。MODIS 数据依据处理级别，可划分为 0～5 级产品[139]，见表 2.1。

表 2.1   MODIS 产 品 介 绍

数据级别	产 品 类 型
0 级产品	原始数据
1 级产品	指 L1A 数据，带定标参数
2 级产品	指 L1B 级数据，是指经过定标后数据，本系统采用国际标准 EOS - HDF 的产品格式，包括了所有波段数据，可用商用软件直接读取
3 级产品	在 L1B 产品的基础上，对 Bowtie 效应进行校正后的产品
4 级产品	是由参数文件提供的参数，经过对图像的几何校正，辐射校正，逐像素都具备精确的地理编码、反射率及辐射率值。在不同时相匹配时，精度都能保证在亚像元级。该级产品是应用产品必不可少的基础
5 级产品	根据各种应用模型开发的更高一级的产品

本书所选用的 MODIS 数据为由美国国家航空航天局陆地数据分发中心提供的标准产品数据，包括每日的原始数据、合成的 MOD11A1 温度产品、8d 合成的 MOD11A2 温度产品以及 16d 合成的 MOD13A2 植被指数产品，空间分辨率均为 1km，采用正弦投影。MODIS 陆面工作组按块（tiles）为单位提供数据产品。

2.2.2　Landsat 数据

Landsat 卫星为目前对地观测卫星中较为广泛应用的卫星之一，为全球各类科学研究提供了极为丰富的卫星数据资料。该卫星影像数据拥有良好的质量、丰富的光谱信息、较快的影像数据获取周期。迄今为止，Landsat 计划已发射了 1～8 号卫星，当前仍然正常运行的是 Landsat 7 卫星与 Landsat 8 卫星。

Landsat 5 携带传感器为多光谱扫描仪（TM），包含了 7 个波段，其中有 6 个波段在可见光和近红外波段（空间分辨率为 30m），一个热红外波段（空间分辨率为 120m）；Landsat 7 携带的是增强型专题成像仪（ETM＋），在 TM 数据的基础上，增加了一个全色波段（15m），并把热红外波段从 120m 的分辨率提高到 60m；

Landsat 8 携带运行陆地成像仪（OLI）和热红外传感器（TIRS）两个传感器[140]。陆地成像仪 OLI 中包括可见光、近红外和一个全色波段，取消了热红外波段。热红外传感器 TIRS 只有两个热红外波段。Landsat 8 影像数据与之前发射的 Landsat 系列影像数据相比较，具有极好的可比性与一致性。Landsat 系列卫星轨道高度均为 705km，卫星倾角为 98.2°，降交点时间为 10：00，幅宽为185km，重访周期为 16d，详细参数见表 2.2。

表 2.2　　　　　　　　　　Landsat 传感器基本参数一览表

卫星	Landsat5	Landsat 7	Landsat 8
传感器	TM	ETM+	OLI、TIRS
波段			B1 Coastal（433～453nm）
	B1 Blue（450～520nm）	B1 Blue（450～520nm）	B2 Blue（450～515nm）
	B2 Green（520～600nm）	B2 Green（520～600nm）	B3 Green（525～600nm）
	B3 Red（630～690nm）	B3 Red（630～690nm）	B4 Red（630～680nm）
	B4 NIR（760～900nm）	B4 NIR（760～900nm）	B5 NIR（845～885nm）
	B5 SWIR1（1550～1750nm）	B5 SWIR（1550～1750nm）	B6 SWIR1（1560～1660nm）
	B7 SWIR2（2080～2350nm）	B7 SWIR（2080～2350nm）	B7 SWIR2（2100～2300nm）
		B8 Pan（500～900nm）	B8 Pan（500～900nm）
			B9 Cirrus（1360～1390nm）
	B6 TIR（1040～1250nm）	B6 TIR（1040～1250nm）	B10 TIRS1（1060～1120nm）
			B11 TIRS2（1150～1250nm）
分辨率	30m（B1～B5，B7）	30m（B1～B5，B7）	30m（B1～B7，B9）
	120m（B6）	60m（B6）	100m（B10，B11）
		15m（B8）	15m（B8）

2.2.3　数字高程模型（DEM）

本书中使用的 DEM 数据为 ASTER GDEM V2 全球数字高程数据（表 2.3），于 2015 年 1 月 6 日正式发布，可以通过中国科学院计算机网络信息中心地理空间数据云平台（http：//www.gscloud.cn）免费下载使用。自 2009 年 6 月 29 日 V1 版 ASTER GDEM 数据发布以来，已经被广泛地应用于全球对地观测研究中。而 ASTER GDEM V2 版则采用了一种较为先进的算法对 ASTER GDEM V1 版的影像进行了改进，提高了 DEM 数据的空间分辨率精度和高程精度，生产了全球范围分辨率为 30m 的 ASTER GDEM 系列数据产品。在 ARCGIS 10.2 环境下将内蒙古乌审旗的区域剪切出来。

表 2.3　　　　　　　ASTER GDEM 30m 数字高程数据

序号	文件名称	中心经度/(°)	中心纬度/(°)	最大经度/(°)	最大纬度/(°)	最小经度/(°)	最小纬度/(°)
1	ASTGTM2_N37E108	108.5	37.5	109.0	38.0	108.0	37.0
2	ASTGTM2_N37E109	109.5	37.5	110.0	38.0	109.0	37.0
3	ASTGTM2_N38E108	108.5	38.5	109.0	39.0	108.0	38.0
4	ASTGTM2_N38E109	109.5	38.5	110.0	39.0	109.0	38.0
5	ASTGTM2_N39E108	108.5	39.5	109.0	40.0	108.0	39.0
6	ASTGTM2_N39E109	109.5	39.5	110.0	40.0	109.0	39.0

2.2.4　气象数据

从中国气象数据共享网（http：//data.cma.cn/）获取内蒙古 89 个气象站点的 20cm 土壤相对湿度数据。研究区内气象站并非每月都采集土壤相对湿度数据，所以每个月的站点数据不一样，个别月份采集土壤相对湿度数据的气象站点相对较少。表 2.4 为研究区气象站点信息。

表 2.4　　　　　　气 象 站 点 信 息

站　名	点号	经度/(°)	纬度/(°)
额右	50425	120.183	50.25
根河	50431	121.517	50.783
鄂伦春旗	50445	123.733	50.583

续表

站　名	点号	经度/(°)	纬度/(°)
满洲里	50514	117.433	49.567
陈旗	50524	119.3	49.32
鄂温克	50525	119.63	48.9
牙克石	50525	119.63	48.9
西新巴旗	50603	116.817	48.667
东新巴旗	50618	118.267	48.217
扎兰屯	50639	122.733	48
莫旗	50645	124.483	48.467
阿荣旗	50647	123.483	48.117
阿尔山	50727	119.95	47.167
乌兰浩特	50838	122.05	46.083
乌拉盖	50913	118.8	45.717
东乌旗	50915	116.9	45.517
霍林河	50924	119.7	45.53
巴雅尔吐	50928	120.333	45.067
突泉	50934	121.55	45.4
科右中	50937	121.467	45.05
额济纳	52267	101	41.95
阿右旗	52576	101.7	39.2
二连	53068	111.967	43.65
那仁	53083	114.015	44.617
满都拉	53149	110.08	42.32
阿巴嘎旗	53192	114.95	44.017
东苏旗	53195	113.716	43.833
海力素	53231	106.4	41.45
黄旗	53289	113.833	42.233
乌中旗	53336	108.8	41.95
五原	53337	108.03	41.01
达茂旗	53352	110.426	41.703

续表

站　名	点号	经度/(°)	纬度/(°)
固阳	53357	110.03	41.02
四子王旗	53362	111.683	41.533
武川	53368	111.45	41.01
察右中旗	53378	112.617	41.267
察右后旗	53384	113.183	41.45
商都	53385	113.55	41.567
化德	53391	114	41.9
磴口	53419	107	40.33
杭后	53420	107.01	40.9
乌前旗	53433	108.651	40.719
土右	53455	110.519	40.553
达旗	53457	110.003	40.4
土左	53464	111.015	40.683
呼市蔬菜站	53466	111.7	40.8
托县	53467	111.183	40.267
和林	53469	111.8	40.383
卓资山	53472	112.567	40.867
凉城	53475	112.517	40.517
察右前旗	53481	113.217	40.8
兴和	53483	113.867	40.883
丰镇	53484	113.015	40.45
锡林郭勒	53505	105.36	39.08
乌海	53512	106.8	39.683
临河	53513	107.4	40.8
鄂托克	53529	107.983	39.01
杭锦	53533	108.733	39.85
东胜	53543	109.983	39.833
伊旗	53545	109.733	39.567
乌审召	53547	109.003	39.01

站 名	点号	经度/(°)	纬度/(°)
准旗	53553	110.867	39.667
清水河	53562	111.667	39.917
巴彦浩特	53602	105.7	38.8
乌审旗	53644	108.833	38.6
鄂前旗	53730	107.483	38.183
西乌旗	54012	116.167	43.95
扎鲁特旗	54026	120.9	44.567
巴林左旗	54027	119.386	43.959
左中	54047	123.3	44.133
锡林浩特	54102	116.167	43.95
巴林右旗	54113	118.679	43.511
林西县	54115	118.055	43.587
克什克腾旗	54117	117.536	43.231
阿鲁科尔沁旗	54122	120.095	43.866
开鲁	54134	121.283	43.6
通辽	54135	122.267	43.75
正镶白旗	54204	115	42.3
正蓝旗	54205	115.983	42.25
多伦	54208	116.467	42.183
翁牛特旗	54213	119.045	42.933
赤峰	54218	118.978	42.267
奈曼	54223	120.65	42.85
敖汉旗	54225	119.922	42.283
科左后旗	54231	119.045	42.933
库伦	54234	121.783	42.733
宝昌	54305	115.267	41.883
喀喇沁旗	54313	118.698	41.921
宁城县	54320	119.369	41.587

由于不同类型土壤的保水性能不同，为了使指标具有可比性和通用型，评估农业旱情时可采用土壤的相对湿度表示土壤水分，即土壤实际含水量占田间持水量的百分比：

$$土壤相对湿度 = \frac{土壤实际含水量}{田间持水量} \times 100\% \qquad (2.1)$$

当利用土壤相对湿度评估农业旱情时，主要以 $0\sim20\mathrm{cm}$ 土层的土壤相对湿度作为旱情评估指标，具体旱情等级划分见表 2.5。

表 2.5　　　　　　　　　　土壤相对湿度的干旱等级

等级	类型	20cm 深度土壤相对湿度	对农作物的影响程度
1	无旱正常	$R>60\%$	地表湿润，无旱象
2	轻旱	$60\%\geqslant R>50\%$	地表蒸发量较小，近地表空气干燥
3	中旱	$50\%\geqslant R>40\%$	土壤表面干燥，地表植物叶片白天有萎蔫现象
4	重旱	$40\%\geqslant R>30\%$	土壤出现较厚的干土层，地表植物萎蔫、叶片干枯
5	特旱	$R\leqslant30\%$	基本无土壤蒸发，地表植物干枯、死亡

2.2.5　野外实测数据

为研究内蒙古牧区土壤表层含水率监测方法，特选取植被覆盖度具有代表性的 4 个区域磴口县西北部（NDVI 值在 $0\sim0.2$）、达茂旗（NDVI 值处于 $0\sim0.2$ 和 $0.2\sim0.4$ 交错处）、乌审旗（NDVI 值在 $0.2\sim0.4$）、东乌旗（NDVI 值在 $0.4\sim1$）作为采样区域。结合采样区植被覆盖度、空间分布及交通状况，选用分层采样方法在每个采样区域内分别选取 9 个、24 个、22 个、22 个采样区。每个样区中各样点之间的间距大致为 1km，逐点用土钻分层采集 $0\sim10\mathrm{cm}$、$10\sim20\mathrm{cm}$、$20\sim30\mathrm{cm}$ 土层中土样，刮去样本点土壤表层的浮土后迅速封装。本书研究时使用的野外实测土壤含水率数据的一部分作为回归样点，另一部分作为验证点，是在各个研究区域影像成像时间的前后 3 天内完成样点的采集，该时间段内天气情况比较稳定、无大风、无降水等状况，可以认定土壤含水率能够保持相对稳定的状态。野外采样点要严格地选定，尽量避开微地形、洼地、道路等，选取地势平缓的区域。野外试验采样在磴口县的 2014 年、2015 年 5 月；达茂旗的 2014 年、2015 年 7 月；东乌旗的 2014 年、2015 年 9 月；乌审旗的 2014 年 5 月、9 月，2015 年 4 月、9 月与 2016 年、2017 年 4—10 月。野外试验采样过程如图 2.1 所示。

（a）GPS找点

（b）不同土层采样

（c）土样分装

（d）记录采样点信息

图 2.1　野外试验采样过程

第3章 地表参数计算

3.1 植被指数的计算

植被指数为对遥感光谱数据进行分析运算、产生对植被长势、生物量等有一定指示意义的无量纲参数。不需要任何假设条件和其他辅助信息，仅利用光谱信息便可以实现对植被状态信息的表达，以定性和定量地评价植被覆盖、生长活力及生物量等[141]。NDVI的计算公式如下：

$$NDVI = \frac{\rho_{NIR} - \rho_R}{\rho_{NIR} + \rho_R} \tag{3.1}$$

式中：ρ_{NIR}、ρ_R分别为近红外波段与红光波段的真实地表反射率。

目前实际应用的植被指数很多，一般情况下应用最广泛的归一化植被指数会受到土壤背景的影响，不能够准确地反映地表情况。为了能够让NDVI最大限度地反映真实情况，应该尽可能减少或消除土壤背景的影响。因此修正的土壤调整植被指数（MSAVI）被提出[142]。修正的土壤调整植被指数用一个自动调节因子来修正NDVI对土壤背景的敏感，在研究中得到了广泛的应用。MSAVI计算公式如下：

$$MSAVI = 2\rho_5 + 1 - \sqrt{(2\rho_5 + 1)^2 - 8(\rho_5 - \rho_4)} / 2 \tag{3.2}$$

式中：ρ_4、ρ_5分别为Landsat 8 OLI影像的第4、第5波段的反射率。

为了对大气和土壤背景进行订正，"大气抵抗植被指数"通过蓝波段和红波段的差别来补偿气溶胶对红波段的影响，以降低气溶胶的影响；"抗土壤植被指数"对土壤背景影响做了校正，以降低土壤背景的影响；同时综合上述这两种植被指数，构建了增强型植被指数 EVI，公式如下：

$$EVI = \frac{2.5 \times (\rho_{NIR} - \rho_R)}{L + \rho_{NIR} + C_1 \rho_R - C_2 \rho_B} \tag{3.3}$$

式中：L 为土壤调节参数，取值为 1.0；C_1 为大气修正红光校正参数，取值为 6.0；C_2 为大气修正蓝光校正参数，取值为 7.5；ρ_{NIR}、ρ_R 分别为经过 FLAASH 大气校正后近红外波段与红光波段的真实地表反射率。

3.2 水体指数的计算

NDWI 是基于短波红外（SWIR）与近红外（NIR）的数值之差和这两个波段数值之和的比值的归一化比值指数，与 NDVI 相比，NDWI 能有效地对植被冠层及地表的水分含量做出响应，这对于实时获取地表干湿状况具有重要意义[143]。该指数计算公式如下：

$$NDWI = (\rho_{NIR} - \rho_{SWIR}) / (\rho_{NIR} + \rho_{SWIR}) \tag{3.4}$$

式中：ρ_{NIR} 为近红外波段反射率；ρ_{SWIR} 为短波红外波段反射率。

3.3 地表反照率的计算

本书采用 Liang[144]给出的经验公式计算地表反照率，Landsat 5/ETM＋数据采用下式计算：

$$\alpha = 0.0356\alpha_1 + 0.130\alpha_3 + 0.373\alpha_4 + 0.085\alpha_5 + 0.072\alpha_7 - 0.0018 \tag{3.5}$$

Landsat 8 OLI 数据采用下式计算：

$$\alpha = 0.356\alpha_2 + 0.130\alpha_4 + 0.373\alpha_5 + 0.085\alpha_6 + 0.072\alpha_7 - 0.0018 \tag{3.6}$$

式中：α 为地表反照率；α_1、α_2、α_3、α_4、α_5、α_6、α_7 分别为经过 FLAASH 大气校正后的第 1 波段、第 2 波段、第 3 波段、第 4 波段、第 5 波段、第 6 波段、第 7 波段的反射率。

3.4　地表温度的计算

地表温度不仅是陆地表面和大气层之间的能量与水分平衡的重要因子，也是土壤墒情检测、ET、作物估产等众多定量遥感模型中极为重要的输入参数，并对区域土地退化、盐碱化、气候变化等方面有着重要的研究和应用价值[145]。伴随着遥感技术的不断进步，对地表温度遥感反演算法起着推进作用，提高了算法模型的反演精度。热红外遥感为地表温度大范围的空间分布状况及其变化监测，提供了极为有效的途径。根据所使用的遥感数据的热红外通道可将地表温度反演算法分为单波段算法、劈窗算法和多波段算法[146]，Landsat 8 影像具有两个热红外波段，因此既可以采用单波段算法，也可采用劈窗算法。本书研究时采用的单窗算法（mono - window algorithm，MW）是由覃志豪等[147]根据 TM6 波段地表热辐射在大气传输的特性建立的利用 TM 第 6 波段反演地表温度的算法，该算法仅需要 3 个地表参数，即地表比辐射率 ε、大气平均作用温度 T_a 和大气透射率 τ。以往研究表明，单窗算法有较高的精度，在大气透射率、大气平均作用温度和地表比辐射率估计有中等程度误差的情况下，基于单窗算法的 LST 反演误差约为 1.2K。本书采用多源遥感数据[148]反演研究区的地表温度的计算公式为

$$T_s = 1/C\{a(1-C-D)+[b(1-C+D)+C+D]T_{sensor}-CT_a\}$$

$$(3.7)$$

其中

$$C=\varepsilon\tau$$

$$D=(1-\varepsilon)[1+(1-\varepsilon)\tau]$$

式中：T_s 为地表温度，K；a、b 为常数，分别取值为：-67.355351，0.458606；T_{sensor} 为传感器上的亮度温度；C、D 为中间变量。

（1）辐射亮度的计算。亮温的计算通常利用 Planck 公式将图像像元对应传感器处的辐射强度值直接转换为对应的亮度温度值，公式如下：

$$T_{sensor} = K_2/\ln(1 + K_1/L_\lambda) \tag{3.8}$$

式中：T_{sensor} 亮度温度，K；L_λ 为光谱辐射值 $W/(m^2 \cdot sr \cdot \mu m)$；$K_1$ 和 K_2 均为常量，第 10 波段：$K_1 = 774.89 W/(m^2 \cdot sr \cdot \mu m)$，$K_2 = 1321.08K$；第 11 波段：$K_1 = 480.89 W/(m^2 \cdot sr \cdot \mu m)$，$K_2 = 1201.14K$。

（2）地表比辐射率的计算。采用基于地表覆盖类型的加权混合模型，计算公式如下：

$$\varepsilon = \begin{cases} 0.97 & NDVI \leqslant 0.2 \\ \varepsilon_v P_v + \varepsilon_s(1 - P_v) & 0.2 < NDVI \leqslant 0.5 \\ 0.99 & NDVI > 0.5 \end{cases} \tag{3.9}$$

式中：ε 为地表比辐射率；ε_v 为植被比辐射率，为 0.99；ε_s 为裸土比辐射率，为 0.97；P_v 为植被覆盖度，通过下式计算得到

$$P_v = (NDVI - NDVI_{min})/(NDVI_{max} - NDVI_{min})$$

式中：NDVI 为像元的归一化植被指数；$NDVI_{min}$ 为研究区内最小的 NDVI 值；$NDVI_{max}$ 为研究区内最大的 NDVI 值。如果研究区域内有明显的裸土，可以将裸土区 NDVI 的平均值作为 $NDVI_{min}$；如果研究区域内有明显的完全植被覆盖区，可以取该区 NDVI 的平均值作 $NDVI_{max}$。通过统计分析，研究区的 $NDVI_{min} = 0.213$，$NDVI_{max} = 0.742$。

（3）大气平均作用温度。大气平均作用温度主要是由大气剖面的气温分布情况和大气水分情况共同决定的，并且与地表周围 2m 处的气温 T_0 存在线性拟合关系（表 3.1）。

表 3.1　　大气平均作用温度与地面附近气温的关系

大气的剖面类型	T_a 与 T_0 的关系
美国 1976 年平均大气	$T_a = 25.9396 + 0.88045T_0$
热带平均大气	$T_a = 17.9769 + 0.91715T_0$
中纬度夏季平均大气	$T_a = 16.0110 + 0.92621T_0$
中纬度冬季平均大气	$T_a = 19.2704 + 0.91118T_0$

（4）大气透过率计算。大气透过率是单窗算法最重要的参数之一[149]，利用 MODTRAN 模拟大气透过率与大气水汽含量的关系，能够估算得到大气透过率方程。由于大气水汽含量存在时空差异，总体上会影响地表温度反演的精度。为了提高反演精度，可利用 MODIS 数据比值法反演大气水汽含量，能够部分消除因地表反射率随波长变化而对大气水汽透射率的影响。由于研究区为乌审旗全境，因此采用混合地表类型参数（$\alpha = 0.02$，$\beta = 0.651$），其公式如下：

$$\omega = [(\alpha - \ln\tau\omega)/\beta]^2 \qquad (3.10)$$

单窗算法中，大气透过率估计公式如下：

$$\tau = 0.974290 - 0.08007\omega \qquad (3.11)$$

式中：ω 为遥感数据各像元的大气水汽含量。

3.5　土壤线的计算

相关研究表明，土壤在红波段与近红外波段的反射率存在极好的线性关系[150]。土壤光谱特性的变化在二维空间中呈现为一个大致由原点发射的直线，即为土壤线：

$$NIR = aR + b \qquad (3.12)$$

式中：a 为土壤线的斜率；b 为土壤线的截距；NIR、R 分别为经过 FLAASH 大气校正后的近红外波段与红光波段真实地表反射率。

具体步骤如下：

（1）由于遥感数据中的水域部分像元的 NDVI 值小于 0，故建立 NDVI 值小于 0 的掩膜文件（二值图像）。通过 ENVI 5.1 中 Toobox 下的 Band Math 运算功能，除去影像数据中的水域部分像元。

（2）利用 ENVI 软件将经过 FLAASH 大气校正后的近红外波段与红光波段真实地表反射率分别保存为单个波段，利用 Layer Stacking 工具将两个单波段组合为一个文件并输出。基于 Matlab 软件读取并建立覆盖乌审旗区域影像数据所有像元所对应 Red -

NIR 波段反射率的散点图（图 3.1）。

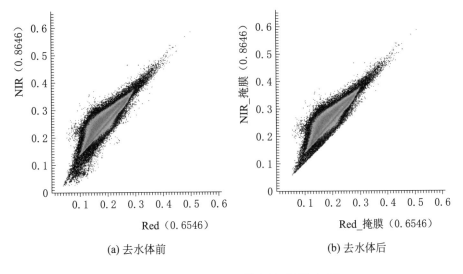

(a) 去水体前　　　　　　　　　　(b) 去水体后

图 3.1　Red–NIR 特征空间散点图

（3）由于各像元在红波段与近红外波段所对应的 DN 值存在着较大的差异，每个红波段 Red 值便会有与之对应很多不同的近红外波段 NIR 值。逐像元提取 Red 值所对应的最小 NIR 值。本书基于 Matlab 软件逐像元提取出每个红光反射率值所对应的最小近红外反射率值，并进行线性拟合得到土壤线（图 3.2）。

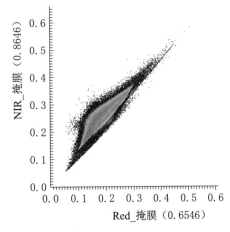

图 3.2　土壤线的提取

由于该区域各时相影像数据的土壤线十分接近，且 4 月 21 日与 9 月 28 日的植被覆盖较少，纯裸土像元数目相对较多，土壤线亦大致相同，本书选取了 4 月 21 日的土壤线作为各时相影像数据的土壤线。研究区 2016 年 4 月 21 日影像数据的土壤线方程为 NRI $=1.0267R-0.0052$，则土壤线斜率 M 为 1.0267。

3.6　遥感荒漠化信息计算

曾永年等[151]利用能够反映荒漠化程度的地表物理参数 Albedo 与 NDVI 来构造 Albedo – NDVI 特征空间，并总结出不同植被覆盖度状况下的沙漠化情况（图 3.3）。图中 A、B、C、D 点分别代表了特征空间中四种不同的极端状态，各生长季不同地物（除云、水域外）都包含在这个四边形区域内，并且呈现出一定的空间分布规律。特征空间中的上边界 AC 代表高反照率线，反映干旱状况，是给定植被盖度条件下完全干旱土地所对应最高反照率的极限。特征空间中的 BD 线则为最大低反照率线，代表着地表水分充足的状况。

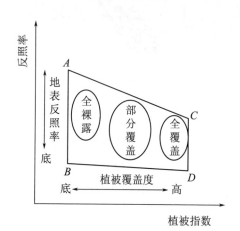

图 3.3　Albedo – NDVI 特征空间

为了给后续研究乌审旗荒漠化草原区土壤水分信息与荒漠化信息的关系提供基础数据，将遥感信息进行荒漠化计算，其计算流程如图 3.4 所示。

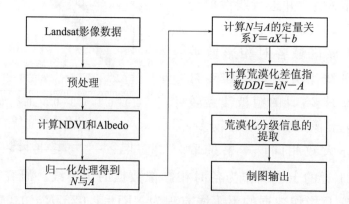

图 3.4　荒漠化计算流程图

为了方便乌审旗荒漠化数据的对比和特征空间的构建，特对 NDVI 和 Albedo 进行归一化处理，计算公式如下：

$$N = \frac{\text{NDVI} - \text{NDVI}_{\min}}{\text{NDVI}_{\max} - \text{NDVI}_{\min}} \times 100\% \tag{3.13}$$

$$A = \frac{\text{Albedo} - \text{Albedo}_{\min}}{\text{Albedo}_{\max} - \text{Albedo}_{\min}} \times 100\% \tag{3.14}$$

式中：N 与 A 分别为归一化 NDVI、归一化 Albedo；$\text{NDVI}_{\max}$ 与 $\text{NDVI}_{\min}$ 分别为 NDVI 的最大值、最小值；$\text{Albedo}_{\max}$ 与 $\text{Albedo}_{\min}$ 分别为 Albedo 的最大值、最小值。

3.6.1 构建 Albedo – NDVI 特征空间

在沙漠化过程中，Albedo 与 NDVI 的特征空间具有极为显著的线性相关关系[152]，为此采用 Albedo – NDVI 特征空间分析区域荒漠化动态变化特征。为了更加进一步地研究荒漠化过程的 NDVI 与 Albedo 的定量关系，运用 ENVI 软件中的 ROI 功能，在乌审旗区域内部选择地物类型比较全面且分布于不同沙漠化等级的 300 个点，对 Albedo 和 NDVI 两组数据进行整理，并经归一化处理得到与之相对应的 A 和 N，然后利用 A 和 N 两组数据进行回归拟合（图 3.5），得到相应的方程：

$$A = aN + b \tag{3.15}$$

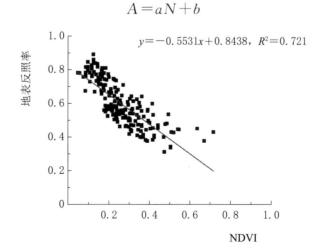

图 3.5 A 与 N 的相关回归分析

3.6.2　荒漠化信息分级提取

Verstrate 等[153]研究发现，在代表荒漠化变化趋势的垂直方向

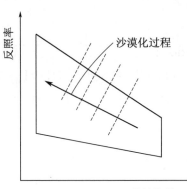

图 3.6　Albedo‐NDVI 空间中
DDI 的图形表达

上划分 Albedo‐NDVI 特征空间，能够有效地区分出不同程度的荒漠化土地来（图 3.6）。而垂线方向在 Albedo‐NDVI 特征空间能够用特征空间中简单的二元线性多项式来进行表达。即可用荒漠化遥感监测差值指数模型 DDI 来表示：

$$DDI = k \times NDVI - Albedo$$
$$(3.15)$$
$$a \times k = -1 \qquad (3.16)$$

式中：DDI 为荒漠化差值指数；k 为由式（3.15）、式（3.16）联立得到的数值 1.808。

第4章 基于 NDVI 值分区的内蒙古牧区土壤含水率遥感监测方法分析

4.1 土壤含水率遥感监测方法的适应性分析

4.1.1 NDVI 空间特征分析

基于 MODIS 13A2 数据（NDVI 16d 合成产品），对 2014 年 4 个采样区采样时间段 NDVI 值空间分布特征进行研究，结果如图 4.1所示。

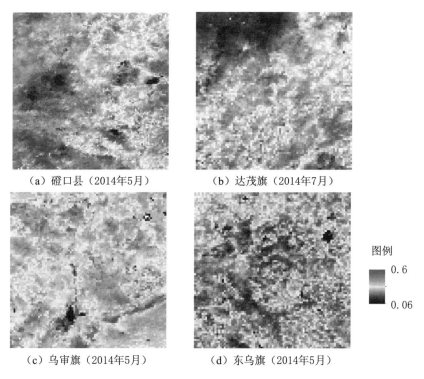

（a）磴口县（2014年5月）　　　（b）达茂旗（2014年7月）

（c）乌审旗（2014年5月）　　　（d）东乌旗（2014年5月）

图例
0.6
0.06

图 4.1　NDVI 空间特征

由图 4.1 可知，2014 年 5 月磴口县采样区 NDVI 值为 0～0.2，且有 ENVI 软件 Stats 功能可知其平均 NDVI 值仅为 0.07。

达茂旗 2014 年 7 月 NDVI 值空间分布特征是南高北低，南半部 NDVI 值为 0.2～0.4，而北半部 NDVI 值为 0～0.2，其平均 NDVI 值为 0.19。

乌审旗 2014 年 5 月 NDVI 值大部分为 0.2～0.4，NDVI 值为 0～0.2 的分布在西北部区域，平均 NDVI 值为 0.26。

东乌旗 2014 年 9 月 NDVI 值空间分布特征是自西南向东北逐渐增大，其中 NDVI 值为 0～0.2 的零星分布在西南部；NDVI 值为 0.2～0.4 的主要分布在中西部区域，而 NDVI 值 0.4～0.6 的主要分布在中东部，平均 NDVI 值为 0.36，且具有明显的带状分布。

4.1.2　ATI 监测土壤含水率适应性分析

4.1.2.1　基于 ATI 的土壤含水率监测

选用 MODIS L1B 数据，利用 ENVI 影像处理软件进行波段运算、图像融合、图像裁剪等步骤，获取全波段反射率、地表比辐射率、大气透过率、亮度温度等参数，基于分裂窗算法反演昼夜两次地表温度，根据经验公式获得昼夜地表温差，进而反演得到表观热惯量值，实际计算过程中采样 ATI 的 100 倍值，便于分析。

反演的 ATI 值与野外采样对应像元的不同土层深度土壤含水率值进行回归分析，磴口县、达茂旗、乌审旗、东乌旗 4 个采样区子样点分别为 50 个、120 个、105 个、120 个，随机选用 40 个、100 个、85 个、100 个子样点进行回归分析，其余 10 个、20 个、20 个、20 个子样点进行模型精度验证，在分析 VSWI 和 TVDI 模型采用同样方法。结果如图 4.2～图 4.4 所示。

如图 4.2 所示，对 ATI 值与 4 个采样区 0～10cm 土层土壤含水率进行相关性分析可知：ATI 值与 0～10cm 土层土壤含水率均呈线性关系，ATI 值在磴口县、达茂旗、乌审旗、东乌旗采样区与 0～10cm 土层土壤含水率相关系数分别为 0.815、0.729、

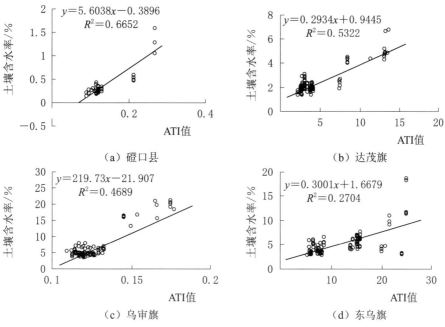

图 4.2 ATI 值与 0～10cm 土层土壤含水率回归分析

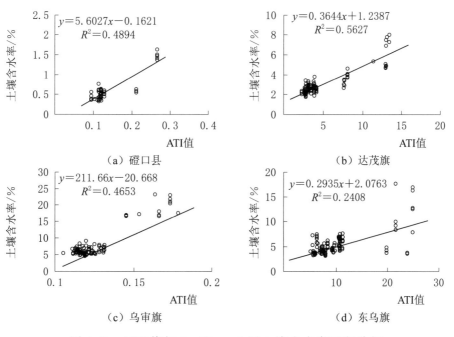

图 4.3 ATI 值与 0～20cm 土层土壤含水率回归分析

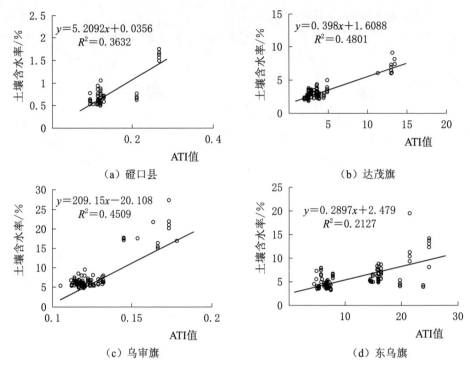

（a）磴口县　　　　　　　　　　　（b）达茂旗

（c）乌审旗　　　　　　　　　　　（d）东乌旗

图 4.4　ATI 值与 0～30cm 土层土壤含水率回归分析

0.684、0.520。

　　如图 4.3 所示，对 ATI 值与 4 个采样区 0～20cm 含水率进行相关性分析可知：ATI 值与 0～20cm 土层土壤含水率均呈线性关系，ATI 值在磴口县、达茂旗、乌审旗、东乌旗采样区与 0～20cm 土层土壤含水率相关系数分别为 0.699、0.750、0.675、0.490。

　　如图 4.4 所示，对 ATI 值与 4 个采样区 0～30cm 土层土壤含水率进行相关性分析可知：ATI 值与 0～30cm 土层土壤含水率均呈线性关系，ATI 值在磴口县、达茂旗、乌审旗、东乌旗采样区与 0～30cm 土层土壤含水率相关系数分别为 0.602、0.693、0.671、0.460。

4.1.2.2　ATI 值土壤含水率监测评价分析

　　在 4 个采样区中分别选取 10 个、20 个、20 个、20 个子样点进行 ATI 反演含水率回归模型的精度验证，根据 MODIS 空间分辨率和采样方案设计，每个采样点的 5 个子样点平均土壤含水率为该像元实测含水率，即 4 个采样区中验证数据为 2 个、4 个、4 个、4 个像元含水率。实测含水率与反演含水率数据距 $y=x$ 直线越近说明反演精度越高，反之土壤含水率反演精度越低，下文 VSWI 和 TVDI 反演含水率精度分析方法相同。

对 ATI 值在 4 个采样区监测情况进行分析发现：对于 0～10cm 土层，土壤含水率平均相对误差在磴口县、达茂旗、乌审旗和东乌旗分别为 15.86%、23.58%、27.19%、33.64%；对于 0～20cm 土层，土壤含水率平均相对误差则为 16.46%、13.71%、32.77%、33.49%；对于 0～30cm 土层，土壤含水率平均相对误差则为 22.71%、12.71%、40.16%、36.50%。

分析 ATI 值在 4 个不同采样区反演含水率相对误差、含水率回归相关系数和 NDVI 值关系（图 4.5～图 4.7），可以得出以下结论：

（1）随着土层深度的增加，ATI 值对土壤含水率监测精度变化

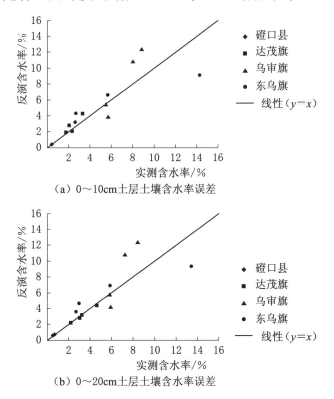

（a）0～10cm 土层土壤含水率误差

（b）0～20cm 土层土壤含水率误差

图 4.5（一） ATI 值在 4 个采样区监测情况

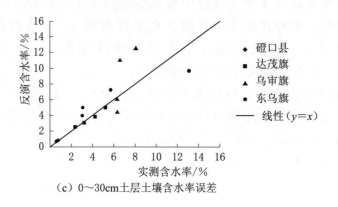

（c）0～30cm土层土壤含水率误差

图 4.5（二） ATI 值在 4 个采样区监测情况

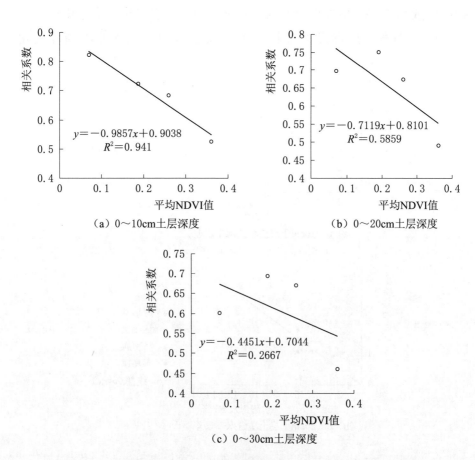

（a）0～10cm土层深度 　　　　　（b）0～20cm土层深度

（c）0～30cm土层深度

图 4.6　ATI 值与土壤含水率相关系数随 NDVI 值的变化关系

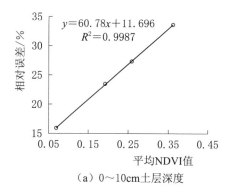

（a）0～10cm土层深度

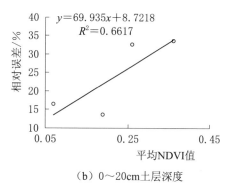

（b）0～20cm土层深度

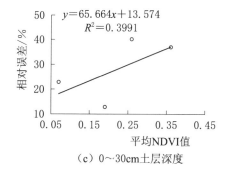

（c）0～30cm土层深度

图 4.7　ATI 值反演土壤含水率相对误差
随 NDVI 值的变化关系

没有明显规律，其中磴口县、乌审旗表现为随着深度增加土壤含水率反演精度降低，而达茂旗监测精度随土层深度增加而增加，东乌旗采样区中 ATI 值对不同深度土壤监测精度没有明显变化，下文中会进一步讨论和研究。

（2）采样区平均 NDVI 值与回归方程相关系数进行分析，可以看出随着 NDVI 值的增加 ATI 值与土壤含水率相关系数减小，且呈现明显的线性关系。

（3）研究 ATI 值对土壤含水率监测精度随 NDVI 值的变化规律，可以发现随着 NDVI 值的增加，ATI 值反演含水率误差也增大，其中在 0～10cm 土层呈显著的线性关系，相关系数达 0.999。

4.1.3　VSWI 监测土壤含水率适应性分析

4.1.3.1　基于 VSWI 的土壤含水率监测

选用 MODIS L1B 数据，利用 ENVI 影像处理软件进行波段运算、图像融合、图像裁剪等步骤，基于分裂窗算法反演白天卫星过境时地表温度，根据经验公式反演得到植被供水指数值（图 4.8），VSWI 空间分布特征图显示值以实际 VSWI 值的倒数呈现，实际计算按 VSWI 值的 1000 倍进行。

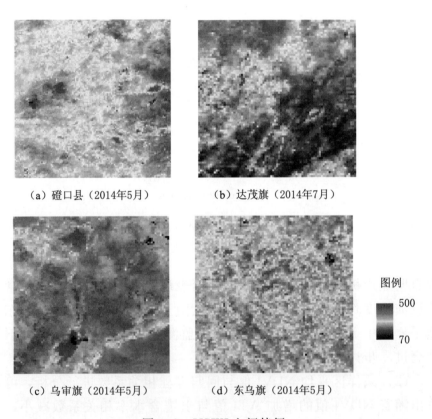

（a）磴口县（2014年5月）　　　（b）达茂旗（2014年7月）

（c）乌审旗（2014年5月）　　　（d）东乌旗（2014年5月）

图例
500
70

图 4.8　VSWI 空间特征

反演的 VSWI 值与野外采样对应像元的不同土层深度土壤含水率值进行回归分析，结果如图 4.9～图 4.11 所示。

如图 4.9 所示，VSWI 值与 4 个采样区 0～10cm 土层土壤含水

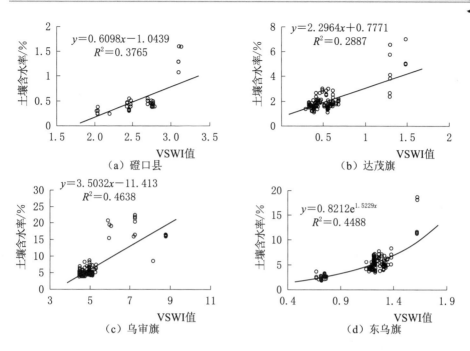

图 4.9　VSWI 值与 0～10cm 土层土壤含水率回归分析

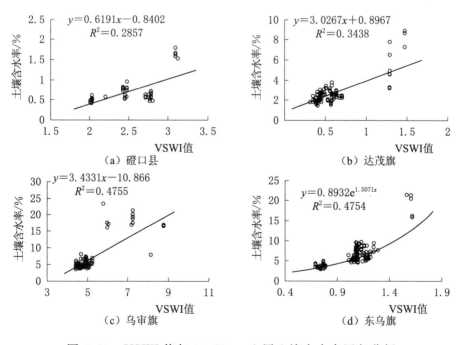

图 4.10　VSWI 值与 0～20cm 土层土壤含水率回归分析

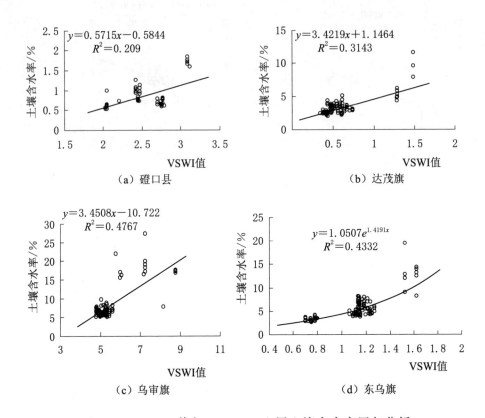

图 4.11 VSWI 值与 0～30cm 土层土壤含水率回归分析

率进行相关性分析，可知：VSWI 值与 0～10cm 土层土壤含水率正相关，且呈线性和指数函数关系，VSWI 值在磴口县、达茂旗、乌审旗、东乌旗采样区与 0～10cm 土层土壤含水率相关系数分别为 0.613、0.537、0.680、0.669。

如图 4.10 所示，VSWI 值与 4 个采样区 0～20cm 土层土壤含水率进行相关性分析，可知：VSWI 值与 0～20cm 土层土壤含水率正相关，且呈线性和指数函数关系，VSWI 值在磴口县、达茂旗、乌审旗、东乌旗采样区与 0～20cm 土层土壤含水率相关系数分别为 0.534、0.586、0.689、0.689。

如图 4.11 可知，ATI 值与 4 个采样区 0～30cm 土层土壤含水率进行相关性分析，可知：VSWI 值与 0～30cm 土层土壤含水率正相关，且呈线性和指数函数关系，VSWI 值在磴口县、达茂旗、乌审旗、东乌旗采样区与 $0\sim30cm$ 土层土壤含水率相关系数分别为 0.457、0.560、0.690、0.658。

4.1.3.2 VSWI 土壤含水率监测评价分析

对 VSWI 值在 4 个采样区监测分析结果发现，对于 $0\sim10cm$ 土层土壤含水率平均相对误差在磴口县、达茂旗、乌审旗和东乌旗分别为 58.54%、27.69%、19.31%、22.05%；对于 $0\sim20cm$ 土层土壤含水率平均相对误差则为 25.79%、14.43%、21.28%、20.76%；对于 $0\sim30cm$ 土层土壤含水率平均相对误差则为 16.05%、10.47%、25.58%、19.39%。

分析图 4.12～图 4.14 可以得出以下结论：

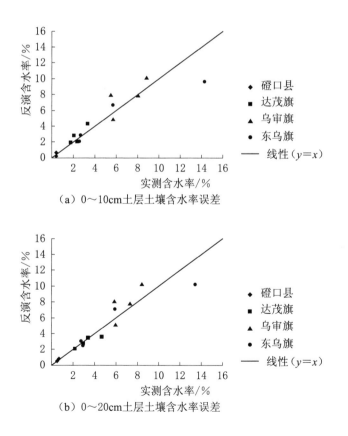

（a）$0\sim10cm$ 土层土壤含水率误差

（b）$0\sim20cm$ 土层土壤含水率误差

图 4.12（一）　VSWI 值在 4 个采样区监测情况

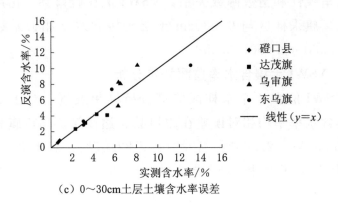

（c）0～30cm土层土壤含水率误差

图 4.12（二）　VSWI 值在 4 个采样区监测情况

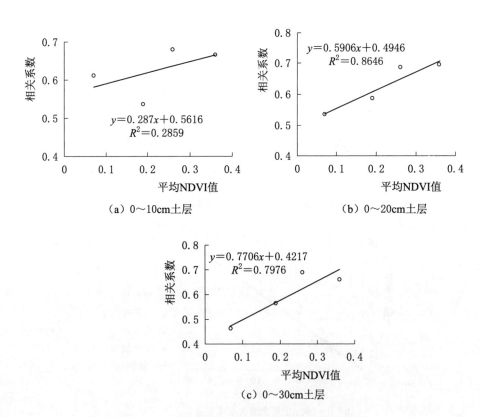

（a）0～10cm土层　　　　　　（b）0～20cm土层

（c）0～30cm土层

图 4.13　VSWI 值与土壤含水率相关系数
随 NDVI 值的变化关系

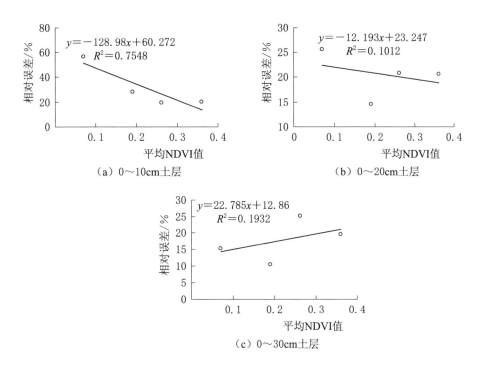

图 4.14 VSWI 值反演土壤含水率相对误差随 NDVI 值的变化关系

（1）随着土层深度的增加，VSWI 值对土壤含水率监测精度变化没有明显规律，其中磴口、达茂旗和东乌旗表现为土壤含水率反演精度随着土层深度的增加而增加，而乌审旗监测精度随土层深度的增加而减小。

（2）采样区平均 NDVI 值与回归方程相关系数进行分析，得出随着 NDVI 值的增大，VSWI 值与土壤含水率相关系数增大，且呈明显的线性关系。

（3）采样区平均 NDVI 值与反演土壤含水率相对误差进行分析，得出 VSWI 值反演土壤含水率相对误差在 0～10cm 土层，随着 NDVI 值的增加而降低，呈明显线性关系，而 0～20cm、0～30cm 土层土壤含水率相对误差随 NDVI 值变化没有明显变化。

4.1.4　TVDI 监测土壤含水率适应性分析

4.1.4.1　基于 TVDI 的土壤含水率监测

选用 MODIS L1B 数据，利用 ENVI 影像处理软件，基于分裂窗算法反演地表温度、归一化植被指数。构建基于 LST – NDVI 的特征空间，拟合干边、湿边方程，进而反演得到温度植被干旱指数（TVDI），特征空间如图 4.15 所示。

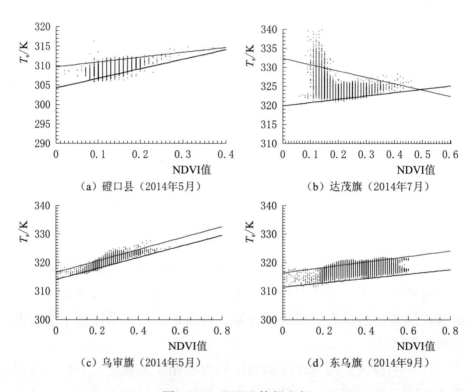

图 4.15　TVDI 特征空间

如图 4.15 所示，以 NDVI 值为横轴，T_s 值为纵轴，根据每个采样区不同 NDVI 值、T_s 值，设置采样区 TVDI 值域范围，并拟合得到各采样区的干边、湿边方程。结果见表 4.1。由表 4.1 可知其拟合干湿边方程均具有很好的线性关系，且相关系数较高，即拟合程度较好。

表 4.1 干 边 和 湿 边 方 程

采 样 区		拟 合 方 程	r^2
磴口县	干边	$y = 12.984x + 309.618$	0.493
	湿边	$y = 25.122x + 304.196$	0.726
达茂旗	干边	$y = -16.689x + 332.380$	0.214
	湿边	$y = 8.727x + 319.896$	0.526
乌审旗	干边	$y = 19.983x + 316.608$	0.811
	湿边	$y = 19.339x + 314.095$	0.937
东乌旗	干边	$y = 9.573x + 316.431$	0.837
	湿边	$y = 7.708x + 311.392$	0.729

由 LST – NDVI 特征空间可反演得到 TVDI 值，4 个采样区 TVDI 值空间分布特征如图 4.16 所示。

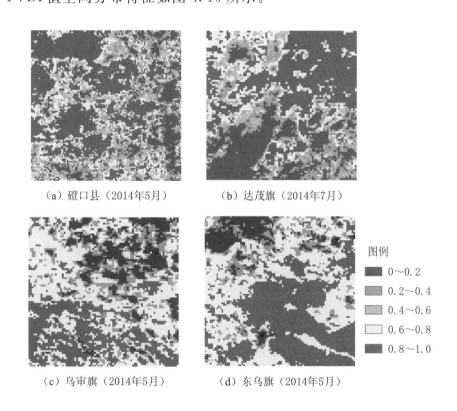

（a）磴口县（2014年5月）　　（b）达茂旗（2014年7月）

（c）乌审旗（2014年5月）　　（d）东乌旗（2014年5月）

图例
- 0～0.2
- 0.2～0.4
- 0.4～0.6
- 0.6～0.8
- 0.8～1.0

图 4.16 TVDI 值空间分布特征

对反演的 TVDI 值与野外采样对应像元的不同土层深度土壤含水率值进行回归分析，结果如图 4.17～图 4.19 所示。

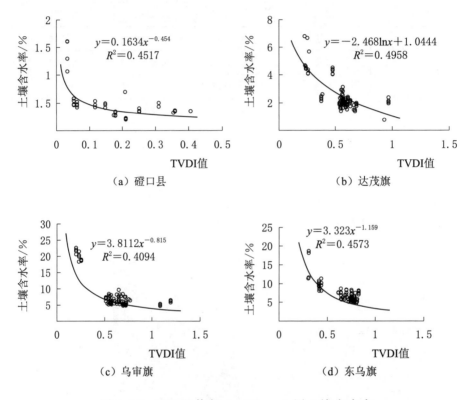

图 4.17　TVDI 值与 0～10cm 土层土壤含水率

回归分析

如图 4.17 可知，TVDI 值与 0～10cm 土层土壤含水率负相关，呈幂函数和指数函数关系，TVDI 值在磴口县、达茂旗、乌审旗、东乌旗采样区与 0～10cm 土层土壤含水率的相关系数分别为 0.672、0.704、0.640、0.676。

如图 4.18 可知，TVDI 值与 0～20cm 土层土壤含水率负相关，呈幂函数和指数函数关系，TVDI 值在磴口县、达茂旗、乌审旗、东乌旗采样区与 0～20cm 土层土壤含水率的相关系数分别为 0.670、0.696、0.665、0.639。

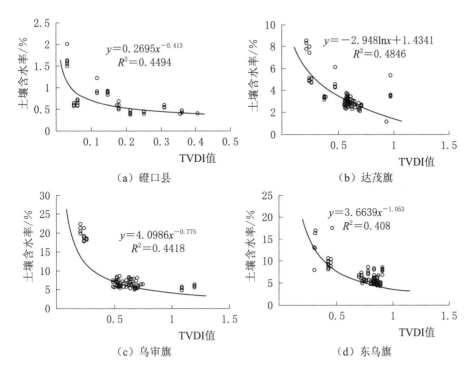

图 4.18 TVDI 值与 0～20cm 土层土壤含水率

回归分析

如图 4.19 可知，TVDI 值与 0～30cm 土层土壤含水率负相关，呈幂函数和指数函数关系，TVDI 值在磴口县、达茂旗、乌审旗、东乌旗采样区与 0～30cm 土层土壤含水率的相关系数分别为 0.610、0.640、0.686、0.623。

4.1.4.2 TVDI 值土壤含水率监测评价分析

对 TVDI 值在 4 个采样区监测分析结果发现，0～10cm 土层土壤含水率平均相对误差在磴口县、达茂旗、乌审旗和东乌旗分别为 34.15％、14.33％、29.74％、31.01％；0～20cm 土层土壤含水率平均相对误差则为 19.18％、13.44％、23.57％、29.68％；0～30cm 土层土壤含水率平均相对误差则为 11.45％、21.76％、20.37％、27.85％。

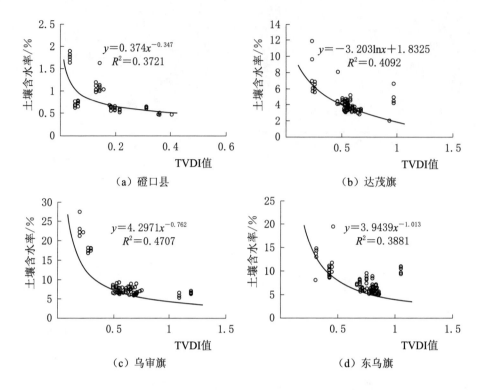

图 4.19　TVDI 值与 0～30cm 土层土壤含水率
回归分析

分析图 4.20～图 4.22 可以得出以下结论：

（1）TVDI 值在不同土层的监测能力如图 4.20 所示。以含水率相对误差为指标，磴口县、乌审旗和东乌旗含水率相对误差随着土层深度的增加而减小，监测能力提高。达茂旗 TVDI 值在 0～10cm、0～20cm 土层土壤含水率反演相对误差相差不大，而在 0～30cm 土层，相对误差则突然增大，没有一定的规律。

（2）TVDI 值与土层土壤含水率相关系数随 NDVI 值变化的关系如图 4.21 所示。TVDI 值与土壤含水率相关系数随 NDVI 值的变化没有显著变化，也没有一定的规律，即 TVDI 值与土壤含水率相关系数与 NDVI 值没有明显的关系。

（3）TVDI 值与土壤含水率相对误差随 NDVI 值变化的关系如

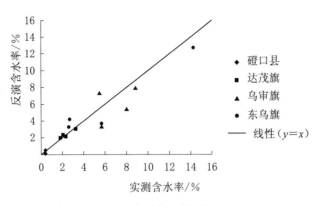

（a）0～10cm土层土壤含水率误差

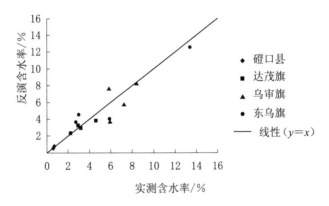

（b）0～20cm土层土壤含水率误差

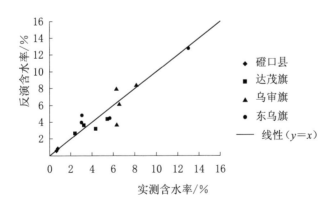

（c）0～30cm土层土壤含水率误差

图 4.20　TVDI 值监测情况

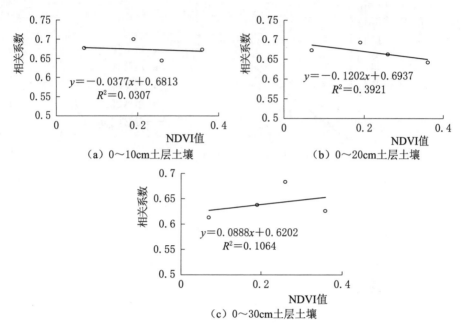

图 4.21 TVDI 值与土层土壤含水率相关系数随 NDVI 值变化的关系

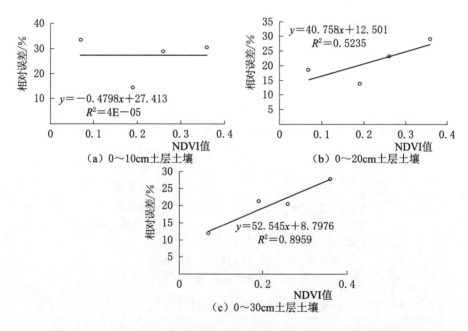

图 4.22 TVDI 值与土壤含水率相对误差随 NDVI 值变化的关系

图 4.22 所示。TVDI 值土壤含水率相对误差随 NDVI 值变化在不同土层呈现关系并不统一，结合 TVDI 值与土壤含水率相关系数随NDVI 值变化的关系可知，TVDI 值不受 NDVI 值变化的影响或所受影响较小。

4.2 土壤含水率遥感反演模型的建立与应用

4.2.1 遥感监测土层深度的确定

尽管利用遥感技术反演土壤水分已有大量的研究，并取得很大成果，但遥感反演土壤水分存在深度较浅的问题。目前关于遥感反演土壤水分的最佳深度问题也并无统一的看法，但从研究情况看，遥感土壤水分的深度不可能太深。肖乾广等[154]认为土壤热性质的变化主要限于土壤表层温度。事实上土壤温度的日较差是随土壤深度变化的，表层日较差最大，越向深层日较差越小，到一定深度后，日较差将为 0，这个深度通常为日变化消失层。对于不同含水量的土壤，日变化消失层在土层深度30～100cm 之间。根据上述理论，用不同的资料来反演不同深度的土壤水分，认为0～30cm 土层深度的反演效果最好。李杏朝[155]用植被指数反演土壤水分时，结果表明 20cm 土层深度的土壤水分与 NDVI 值关系较好，说明 0～20cm 土层深处的土壤水分反演效果较好。郭铌等[156]在用 NOAA/AVHRR 资料反演 10cm、20cm、30cm 土层土壤相对湿度时，结果也表明以 20cm 土层土壤湿度与卫星资料的相关关系最好且稳定。罗秀陵等[157]在用 AVHRR CH4 资料监测四川干旱时，认为遥感下垫面温度与 10cm 深土层土壤湿度的线性相关显著。陈怀亮等[158]认为表层土壤水分受易变环境因素的影响很大，其与遥感资料的关系往往不好且不稳定，一般以 20cm 深度土层土壤水分与遥感资料较好。刘万侠等[159]认为微波遥感测量能得到地表大约10cm 深处的土层土壤体积含水量。

从以上研究来看，大部分学者认为遥感反演土壤水分以 20cm

深度土壤水分与遥感资料相关较好，还有部分学者认为以 10cm 或 30cm 土层深度最佳。从 30cm 土层深度往下，随着深度的增加，遥感反演土壤水分的精度越来越差。

本书通过分析 ATI 值、VSWI 值、TVDI 值在 4 个采样区不同土层深度监测土壤含水率相对误差来判断最佳监测深度。

ATI 值在 4 个采样区的监测中，磴口县、乌审旗、东乌旗误差极大值出现在 0～30cm 土层土壤含水率反演中，而达茂旗误差极大值出现在 0～10cm 土层土壤含水率反演中（图 4.23）。

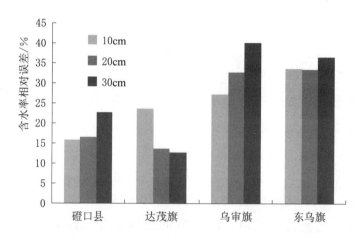

图 4.23　ATI 值在 4 个采样区的监测中土层土壤含水率相对误差状况

VSWI 值在 4 个采样区的监测中，磴口县、达茂旗、东乌旗误差极大值出现在 0～10cm 土层土壤含水率反演中，而乌审旗误差极大值出现在 0～30cm 土层土壤含水率反演中（图 4.24）。

TVDI 值在 4 个采样区的监测中，磴口县、乌审旗、东乌旗误差极大值出现在 0～10cm 土层土壤含水率反演中，而达茂旗误差极大值出现在 0～30cm 土层土壤含水率反演中（图 4.25）。

由 ATI 值、VSWI 值、TVDI 值这 3 种含水率反演模型在 4 个采样区中对 0～10cm、0～20cm、0～30cm 土层土壤含水率进行反演，发现误差极大值出现在 0～10cm 土层和 0～30cm 土层，说明在 0～10cm、0～30cm 土层遥感反演土壤水分受影响较大，结合前

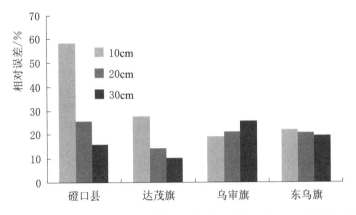

图 4.24　VSWI 值在 4 个采样区监测中土层土壤含水率相对误差

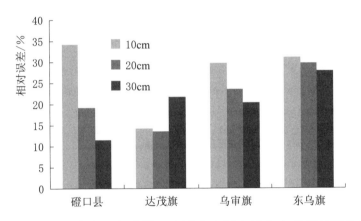

图 4.25　TVDI 值在 4 个采样区监测中土层土壤含水率相对误差状况

人研究成果，分析原因可知：0～10cm 表层土壤水分受易变环境因素的影响，其与遥感资料的关系不稳定；0～30cm 土层土壤水分受困于遥感探测能力以及这个土层深度地表温度日较差小等原因，与遥感关系不稳定。综合前人研究成果及采样区数据分析，本书选取 0～20cm 土层土壤水分反演监测。

4.2.2　土壤含水率遥感监测方案

4.2.2.1　基于 ATI 和 VSWI 的土壤含水率监测

在土壤含水率监测方案一基于 ATI 值的土壤含水率反演模型

中，随着 NDVI 值的增大，ATI 值与土壤含水率相关系数减小，土壤含水率相对误差增大；在方案一基于 VSWI 值的土壤含水率反演模型中，随着 NDVI 值的增大，VSWI 值与土壤含水率相关系数增大，土壤含水率相对误差减小。以土壤含水率相对误差为指标，由 ATI 值、VSWI 值随 NDVI 值的变化规律可以确定 NDVI 阈值，即此时基于 ATI 和 VSWI 模型反演土壤含水率相对误差相等。联立公式，即

$$y = 69.93x + 8.721$$
$$y = -12.19x + 23.24$$

式中：x 代表 NDVI 值；y 代表相对误差。

当 x 即 NDVI 值等于 0.18 时，基于 ATI 值和 VSWI 值的土壤含水率反演模型精度相等，此时 y 即土壤含水率相对误差等于 21.31%。

对于方案一来说，当 NDVI 值等于 0.18 时，基于 ATI 值和 VSWI 值的土壤含水率反演相对误差最大为 21.31%，而 NDVI 值小于或大于 0.18 的区域，其土壤含水率监测误差小于 21.31%。

4.2.2.2　基于 TVDI 值的土壤含水率监测

在方案二中，选择 TVDI 值对不同 NDVI 值下的采样区进行土壤含水率反演，TVDI 值与土壤含水率相关系数随 NDVI 值的变化没有显著变化，也没有一定的规律；TVDI 值反演土壤含水率相对误差随 NDVI 值变化与不同土层呈现关系并不统一，结合 TVDI 值与土壤含水率相关系数随 NDVI 值的变化关系可知，TVDI 模型受 NDVI 值变化影响较小。基于 TVDI 值的土壤含水率反演模型对不同 NDVI 值下采样区的适用均较好。TVDI 值在 4 个采样区土壤含水率反演相对误差平均值为 21.47%。

4.2.2.3　土壤含水率遥感监测方案确定

根据土壤含水率监测方案一、方案二可知，方案一：基于 ATI 值和 VSWI 值的土壤含水率监测模型，土壤含水率相对误差可控制在 21.31% 以下，某些地区可达到 13.71%。方案二：基于 TVDI 值的土壤含水率相对误差平均值为 21.47%。对比两个方案的分析

结果，选择方案一进行土壤含水率监测的精度更高。

4.2.3　土壤含水率遥感反演模型验证与应用

在 ATI 值、VSWI 值和 TVDI 值监测不同植被土壤含水率适应性研究分析的基础上，针对适应的区域监测分析了 0～20cm 土层土壤含水率，并且通过试验区实地土壤含水率重复采样数据对所建立的土壤含水率遥感监测模型进行了验证。在所建立模型得到验证的基础上，进一步对研究区土壤含水率的空间特征进行了应用分析研究，同时分析了研究区不同时期的旱情空间分布特征。

4.2.3.1　ATI 模型的验证与应用

2015 年 4 月对乌审旗进行重复采样，5 月对磴口县进行重复采样，分析两个采样区 NDVI 值空间分布特征。根据 ENVI 软件 Stats 功能可知：在采样时磴口县平均 NDVI 值为 0.08；乌审旗平均 NDVI 值为 0.15，且绝大部分区域 NDVI 值在 0.18 以下。此时两个采样区均可选用 ATI 值来反演 0～20cm 土层土壤含水率。采样区 NDVI 空间分布特征如图 4.26 所示。

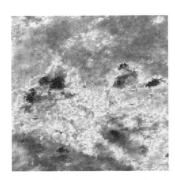

（a）磴口县（2015年5月）　　　　（b）乌审旗（2015年4月）

图 4.26　2015 年磴口县和乌审旗 NDVI 空间分布特征

对 ATI 值与对应像元实测 0～20cm 土层土壤含水率值进行回归分析，结果如图 4.27 所示。

对 2015 年两个采样区采样数据分析结果表明，ATI 值在 NDVI 值小于 0.18 的区域与 0～20cm 土层土壤含水率有很好的线

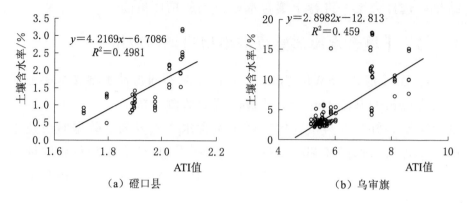

图 4.27 ATI 值与土壤 0~20cm 土层土壤含水率回归分析

性关系，ATI 值与 0~20cm 土层土壤含水率相关系数分别达到 0.707、0.677。选取部分采样点对两个采样区的回归模型进行精度分析，发现基于 ATI 值的土壤 0~20cm 土层土壤含水率反演模型在磴口县和乌审旗反演含水率的相对误差分别为 14.52%、17.92%（见表 4.2），此精度可较为准确地反映两个采样区 0~20cm 土层土壤含水率空间分布特征。

表 4.2　　　2015 年基于 ATI 值反演模型在磴口县和乌审旗的土壤含水率对比

项目	点　号	实测含水率/%	反演含水率/%	相对误差/%
磴口县	2	2.83	2.15	24.03
	8	0.8	0.76	5.00
平均值				14.52
乌审旗	2	7.94	7.41	6.68
	7	2.88	2.84	1.39
	12	2.69	3.3	22.68
	17	14.14	8.35	40.95
平均值				17.92

磴口县 5 月 5 日和乌审旗 4 月 24 日土壤含水率情况如下：

（1）2015 年 5 月上旬磴口县采样区即磴口县西北部牧区

0～20cm土层土壤含水率均在5%以下，含水率极低。

（2）2015年4月下旬乌审旗0～20cm土层土壤含水率呈现北低南高空间特征，其中土层土壤含水率为0～5%的区域主要分布在中北部，面积为6089km²，占总面积的55.41%。土层土壤含水率为5%～10%的区域主要分布在苏力得苏木北部的无定河镇。土层土壤含水率大于10%的区域主要分布在苏力得苏木南部，全旗总体土层土壤含水率偏低。

4.2.3.2 VSWI模型的验证与应用

2015年7月对达茂旗进行重复采样，9月对东乌旗进行重复采样，分析两个采样区NDVI值空间分布特征。根据ENVI软件Stats功能可知：达茂旗采样区平均NDVI值为0.19；东乌旗平均NDVI值为0.40，且绝大部分区域NDVI值在0.18以上。此时两个采样区均可选用VSWI来反演0～20cm土层土壤含水率。采样区NDVI值空间分布特征如图4.28所示。

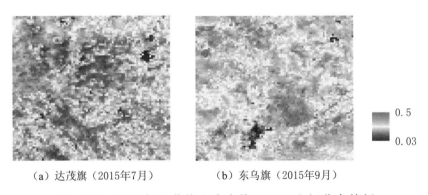

（a）达茂旗（2015年7月）　　（b）东乌旗（2015年9月）

图4.28　2015年达茂旗和东乌旗NDVI空间分布特征

对VSWI值与对应像元实测0～20cm土层土壤含水率值进行回归分析，结果如图4.29所示。

对2015年采样数据分析结果表明，VSWI值在NDVI值大于0.18的区域与0～20cm土层土壤含水率有很好的线性关系，VSWI值与0～20cm土层土壤含水率相关系数分别达到0.727、0.735。选取若干采样点对两个采样区的回归模型进行精度分析，发现基于VSWI值的0～20cm土层土壤含水率反演模型在达茂旗和东乌旗反演土壤

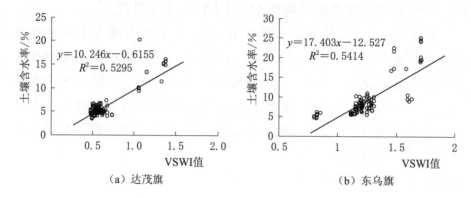

（a）达茂旗　　　　　　　　　（b）东乌旗

图4.29　2015年VSWI值与0～20cm土层土壤含水率的回归分析

含水率相对误差分别为20.22％、17.05％（见表4.3）。此精度可较为准确地反映两个采样区0～20cm土层土壤含水率空间分布特征。

表4.3　　　　　　2015年基于VSWI值反演模型在达茂旗
和东乌旗的土壤含水率对比

项　　目	点　　号	实测含水率/％	反演含水率/％	相对误差/％
达茂旗	2	7.31	5.77	21.09
	7	5.55	4.95	10.77
	12	4.25	5.47	28.59
	17	7.90	6.28	20.43
平均值				20.22
东乌旗	2	2.91	3.16	8.76
	7	8.34	10.9	30.69
	11	21.38	16.78	21.53
	17	3.68	3.42	7.21
平均值				17.05

达茂旗2015年7月和东乌旗2015年9月土壤表层含水率情况如下：

（1）2015年7月下旬达茂旗采样区0～20cm土层土壤含水率整体趋势呈现北低南高，其中土层土壤含水率为0～5％的区域主要分布在中北部，面积为10252km²，占总面积的56.63％；土层土壤含水率为 5％～10％的区域主要分布在南部地区，面积为 7414km²，占总面积的 40.95％；土层土壤含水率大于 10％的区域主要分布在东南部，面积仅为 437km²，占总面积的 2.42％。

（2）2015 年 9 月上旬东乌旗 0～20cm 土层土壤含水率呈现西低东高空间特征，其中土层土壤含水率为 0～5％的区域主要分布在中西部，面积为 10438km²，占总面积的 23.08％；土层土壤含水率为 5％～10％的区域主要分布在东乌旗中部，面积为 15608km²，占总面积的 34.51％；土层土壤含水率大于 10％的区域主要分布在东部区，面积为 19187km²，占总面积的 42.41％。

4.2.3.3 TVDI 模型的验证与应用

基于遥感技术的土层土壤含水率监测中，方案一的土壤含水率监测在植被覆盖度低和植被覆盖度高的区域总体监测精度高于 TVDI 土壤含水率监测模型，但方案一的使用存在一定的限制，首先重复采样方案在当前很难在内蒙古自治区大范围推广使用，但在小范围（旗县级别）内使用具有很好的适用性；其次，该方案较 TVDI 的土壤含水率监测步骤复杂；最后，基于 TVDI 的土壤含水率反演模型对不同 NDVI 值下的采样区适用性均较好，TVDI 值在 4 个采样区土壤含水率反演相对误差平均值为 21.47％，大区域的应用拥有一定的优势和应用前景。由于没有全区的各气象站点土壤含水率针对 MODIS 空间分辨率的重复采样数据，在前人研究的基础上，对 TVDI 模型在旱情监测上的应用做简单分析。

根据 LST－NDVI 特征空间的构建原理（选用 16d 合成 NDVI 数据 MOD13A2 和 8d 合成温度产品 MOD11A2 数据），计算研究区 TVDI值作为不同土壤干旱分级指标，可将土壤干旱程度划分为 5 个级别：湿润 0～0.2，正常 0.2～0.4，轻旱 0.4～0.6，中旱 0.6～0.8，重旱 0.8～1。

由图 4.30 可见，2014 年内蒙古生长季 5—9 月 TVDI 构建有明显的三角形空间特征，为其在旱情监测中的应用打下基础。根据干旱程度划分的 5 个级别，对 2014 年内蒙古生长季 5—9 月旱情空间特征进行分析，结果见表 4.4，表 4.4 可以直观地反映旱情空间分

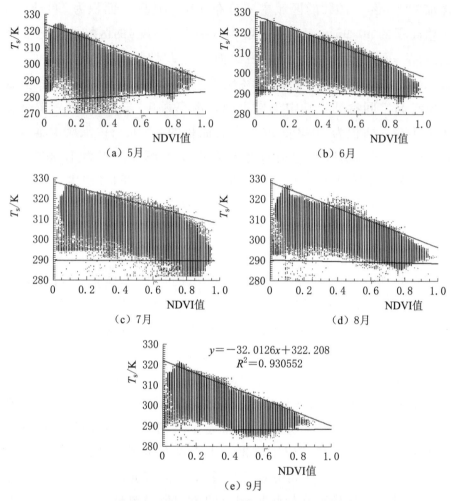

图 4.30 2014 年 TVDI 值特征空间

布情况，对科学指导农牧业生产具有一定的现实意义。

表 4.4　　　　　　2014 年内蒙古生长季旱情统计　　　　　单位：km²

时间	湿润	正常	轻旱	中旱	重旱	异常值
2014 年 5 月上旬	9265	66093	261971	520681	294950	12371
2014 年 6 月上旬	9931	79334	402944	550983	120948	1933
2014 年 7 月上旬	74551	147744	255765	539358	117511	27331
2014 年 8 月上旬	30187	144184	418692	511234	57940	3703
2014 年 9 月上旬	55607	124224	373597	524083	85821	2375

在获取内蒙古旱情空间分布的同时，利用 ENVI 和 Arcgis 可以很方便地统计各类旱情级别的面积，作为旱情影响定量分析的基础数据，由表 4.4 可知：2014 年内蒙古生长季土壤湿润和正常部分在 7 月面积最大，即该月受旱面积最小，这也与内蒙古自治区降雨的时间分布相对应。

4.3 小　　结

随着遥感技术的发展，空间技术在各领域的应用得到进一步发展，各式新型传感器及传感器技术为干旱遥感监测提供了高时间分辨率和高空间分辨率的遥感数据。本书针对高时间分辨率 MODIS 数据以及内蒙古植被覆盖度随经度变化呈条带性分布的特点，采用分层的重复采样方案，合理确定采样区域，结合表观热惯量和植被供水指数模型反演 0～20cm 土层土壤含水率，并进行模型精度评价。以土壤含水率反演值与实测值的平均相对误差为指标，确定基于植被覆盖度的分区阈值，对比温度植被干旱指数监测模型，建立内蒙古牧区表层土壤含水率反演方法，并进行应用分析，得出了以下结论，为内蒙古牧区旱情监测和评估提供一定的参考。

（1）针对内蒙古带状植被覆盖特点，结合地面实测土壤含水率数据，发现表观热惯量和植被供水指数方法、温度植被干旱指数在内蒙古牧区不同植被覆盖情况下土壤含水率监测模型精度变化规律不同。

（2）以土层土壤含水率相对误差为指标，确定 0～20cm 土层深度为最佳遥感监测深度。

（3）表观热惯量、植被供水指数和温度植被干旱指数在 4 个采样区土壤含水率监测规律发现：表观热惯量的监测精度随着植被覆盖度的增加而降低，植被供水指数含水率监测精度随着植被覆盖度的增加而增加，温度植被干旱指数监测精度随着植被覆盖度变化没有明显规律。

（4）方案一，结合表观热惯量和植被供水指数随植被覆盖度的变化规律，以土壤含水率相对误差为指标确定 NDVI 阈值，即 NDVI 值等于 0.18。对于方案一，当 NDVI 值等于 0.18 时，基于 ATI 和 VSWI 的土壤含水率反演相对误差最大为 21.31%，NDVI 值小于或大于 0.18 的区域，其土层土壤含水率监测误差小于 21.31%。

（5）方案二，基于 TVDI 值的土壤含水率反演模型对不同 NDVI 值下采样区适用均较好。TVDI 值在 4 个采样区土壤含水率反演相对误差平均值为 21.47%。

（6）在 4 个采样区进行重复采样，验证了方案一的适用性，在植被覆盖度低于和高于 0.18 时分别采用表观热惯量和植被供水指数进行土壤含水率监测的精度较好。

（7）TVDI 模型在大区域旱情监测中具有较好的应用效果，在空间特征和各类旱情面积统计方面容易实现。

第5章　基于云参数的内蒙古旱情监测模型研究

5.1　模　型　简　介

谭德宝等[115]提出基于云参数的 MODIS 旱情监测模型，将云作为参数引入到监测模型中，避免了常规光学遥感监测模型容易受云影响的不足，还能避免传统监测方法需要严格大气校正的步骤[160]。该模型综合考虑了传统干旱监测因子，如昼夜温差 T_D、NDVI、归一化积雪指数 NDSI、降水距平（SPI）、前期干旱情况（PDI）等，结合监测时间与监测区域确定模型中的干旱因子，旱情监测模型如下：

$$DI = (\sum X_i \times P_i) + F(\text{PDI}) \tag{5.1}$$

式中：DI 为 MODIS 综合旱情指数；X_i 为旱情模型中各参数得出的旱情等级；P_i 为各参数对 MODIS 综合旱情模型的影响权；PDI 为前期旱情指数；F 为前期旱情指数与当前旱情指数间的函数关系。

模型各参数等权计算在很大程度上能够反映旱情，直接采用等权计算是可行的。本书直接采用等权计算模型各参数。

根据模型计算结果，划分为 6 个旱情等级：极湿 D_0（$-2.0\sim-1.5$），湿润 D_1（$-1.5\sim-0.5$），正常 D_2（$-0.5\sim0.5$），轻旱 D_3（$0.5\sim1$），中旱 D_4（$1\sim1.5$），重旱 D_5（$1.5\sim2.0$）。

MODIS 旱情监测模型流程如图 5.1 所示。

利用 20cm 土层土壤相对湿度验证结果，20cm 土层土壤相对湿度百分比与干旱等级之间的关系参照《农业气象观测规范》（GB/T 34808—2017）。干旱等级划分标准见表 5.1。

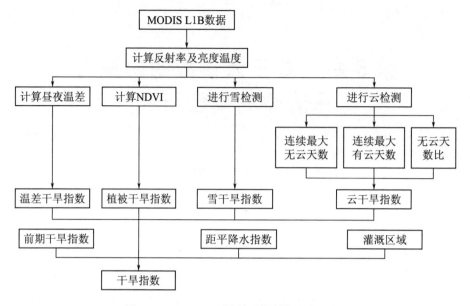

图 5.1 MODIS 旱情监测模型流程图

表 5.1 干 旱 等 级 划 分 标 准

干旱等级	极湿（D_0）	湿润（D_1）	正常（D_2）	轻旱（D_3）	中旱（D_4）	重旱（D_5）
土壤相对湿度/%	94～99	80～93	61～79	51～60	41～50	≤40

5.2 模 型 中 各 参 数 处 理

基于 MODIS 旱情监测模型综合了各种与旱情相关的参数，这些参数在不同程度上都对地面旱情有所反映。在模型发展过程中，余凡考虑了模型的实用性与效率，将其精简为 3 个云参数和昼夜温差，并验证了简化后的模型精度。

5.2.1 昼夜温差

温度能够很好地衡量地球表面能量平衡，并且也是全球和区域尺度地表物理过程的关键因子。昼夜温差与 0～100cm 的土层土壤含水量相关性很好，昼夜温差在旱情监测中起着重要的作用，表现为：昼夜温差越大，地表蒸散发越强，干旱的趋势也就越明显；且在许多干旱遥感监测模型中，都不同程度地用到温度参数，因此，温度对于干旱监测具有非常重要的意义[161]。

5.2.1.1 基于 ENVI – IDL 的昼夜温差计算

IDL（interactive date language）是基于矩阵运算的计算机语言，语法简单，自带大量的功能函数。利用 IDL 可以快速进行科学数据读写、数值计算和三维数据可视化、三维图形建模等。

ENVI 是使用 IDL 语言编写的功能齐全的遥感图像处理平台。在 ENVI 中，用户可以很方便地使用 IDL 语言以及 ENVI 提供的二次开发 API 对 ENVI 的功能进行拓展，例如，添加新的功能函数，甚至开发独立 ENVI 界面的全新系统。IDL 可以很方便地调用 ENVI 平台函数和对象。

IDL 应用广泛，依赖于以下优点：

（1）语法简单：与其他常用语言有许多相通之处，可利用数据可视化、分析函数、开发环境进行科学数据分析和应用程序开发。

（2）支持丰富的数据格式：提供大量的数据读写工具，支持常见数据格式的直接读写。

（3）强大的数据分析功能。

（4）自带小波工具。

（5）多样的可视化工具。

本书研究是以月为周期，月平均昼夜温差计算复杂，而使用 IDL 进行编程计算，有利于提高数据处理效率，实现昼夜温差计算的自动化处理。

在月平均昼夜温差计算时，只有昼夜温差都不为零时才能参与计算，程序统计像元点非零值个数，总和除以非零值点个数，得到月平均昼夜温差。经计算的平均昼夜温差可以避免受云的影响，部分地区无法计算其昼夜温差。以 2013 年 6 月为例，计算月昼夜温差，最小值为 −4.58K，最大值为 39.84K，其中，研究区东北部森林地区昼夜温差小，河套平原地区相对其他地区也有较小的昼夜温差。

5.2.1.2 昼夜温差旱情指数

刘良明等[162]通过大量的试验表明昼夜温差与旱情指数间可以

用指数函数关系来拟合，并建立了昼夜温差旱情指数表（表 5.2）。

表 5.2　　　　　　　　　　昼夜温差旱情指数表

T_D	$\leqslant 2$	(2，7]	(7，12)	$\geqslant 12$
旱情指数	-2	$-(T_D-7)^2 \times 0.08$	$(T_D-7)^2 \times 0.08$	2

本书旱情监测是以月为监测周期，在实际应用中，又可根据全国历年旱情发展的规律，将一年分为三类：9—11 月和 3—5 月分为一类；6—8 月分为一类；12 月至次年 2 月分为一类。余凡[163]拟合昼夜温差与旱情的关系（表 5.3）。

表 5.3　　　　　　　　　　昼夜温差旱情指数表

（a）6—8 月昼夜温差旱情指数

T_D	$\leqslant 3$	(3，7]	(7，11)	$\geqslant 11$
旱情指数	-2	$-(T_D-7)^2 \times 0.08$	$(T_D-7)^2 \times 0.08$	2

（b）9—11 月和 3—5 月昼夜温差旱情指数

T_D	$\leqslant 1$	(1，6.5]	(6.5，11)	$\geqslant 11$
旱情指数	-2	$-(T_D-6.5)^2 \times 0.065$	$(T_D-6.5)^2 \times 0.065$	2

（c）1 月、2 月、12 月昼夜温差旱情指数

T_D	$\leqslant 1$	(1，7]	(7，13)	$\geqslant 13$
旱情指数	-2	$-(T_D-7)^2 \times 0.055$	$(T_D-6.5)^2 \times 0.055$	2

结合旱情发展规律以及季节气候变化等，对月份干旱情况进行分类分析，有利于提高监测精度。

5.2.2　云参数

将云作为参数加入到模型中具有其物理意义：首先，云是降水的载体，对非灌溉区域来说，降水是土壤水分的主要来源；其次，云影响地面辐射收支，而地表的蒸散发强度在一定程度上受到土壤含水量的控制。云参数法旱情遥感监测模型定义了 3 个云参数（见图 5.2），以一个月为监测周期，建立云参数与旱情之间的关系：

（1）连续最大有云天数 CCD（continuous cloud days）：监测周期内连续有云的最大天数。

（2）连续最大无云天数 CCFD（continuous cloud free days）：监测周期内连续无云的最大天数。

（3）无云天数比 CFDR（cloud free days ration）：监测周期内，无云天数占总天数的百分比。

在相同无云天数比的条件下，连续无云天数越大，干旱发生的可能性越大；而连续有云天数越少，充分降水的可能性也越少，干旱发生的可能性越大。将这 3 个参数作为描述云指数的特征量。

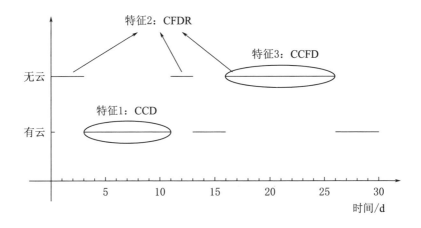

图 5.2　3 个云参数的定义

将云作为旱情信息提取的基本思想如下：①若像元被云覆盖，则可能存在降水，干旱的可能性就减小；若无云覆盖，则确定没有降水，干旱的可能就增大。②若像元无云覆盖，地面接收的太阳短波辐射就增强，地面温度升高，导致蒸散发作用强烈，干旱的可能性就增大；反之，干旱的可能性就减小。

5.2.2.1　基于 ENVI–IDL 的云参数计算

由于 3 个云参数计算复杂，而基于 ENVI–IDL 的计算可以提高计算效率，实现云参数计算的自动化。求取 3 个云参数的基本思路就是利用循环求取连续最大无云天数以及连续最大有云天数，并求取无云天数比。

5.2.2.2　云指数

刘良明等[164]经过大量试验表明，云参数 CCFD、CCD 与旱情指数间可以用指数函数表示（见表 5.4 和表 5.5）；CFDR 与旱情指数可以用分段的线性函数来近似拟合（见表 5.6）。

表 5.4　　　　　　　连续最大无云天数旱情指数

CCFD	1	2	3	4	5	6	7	8	9	10	≥11
旱情指数	−2	−1.8	−1.5	−1.0	−0.5	0	0.4	0.8	1.3	1.8	2

表 5.5　　　　　　　连续最大有云天数旱情指数

CCD	1	2	3	4	5	6	7	8	9	10	≥11
旱情指数	2	1.8	1.1	0.4	0	−1.0	−1.5	−1.7	−1.8	−1.9	−2

表 5.6　　　　　　　无云天数比旱情指数

CFDR	≤0.3	0.3～0.5	0.5～0.7	≥0.7
旱情指数	−2	$-4.4 \times (0.5-\mathrm{CFDR})^{1/2}$	$4.4 \times (0.5-\mathrm{CFDR})^{1/2}$	2

5.3　内蒙古云参数背景场的构建

MODIS 旱情监测模型是用云的信息来表现土壤含水量，以检验研究区内的水分盈缺状况，但是该模型对局部区域内的水分需求特征考虑不全面。区域内的受旱情况不仅仅取决于土壤的水分平衡，还与区域内需水持水的特性相关，即与地形、地表覆盖类型等因素密切相关[165]。因此，只从空间分布上横向的比较干旱情况，而忽略区域的需水耗水差异，并不能准确地判断干旱发生的可能性以及干旱等级。

通过分析多年同期内的云参数，建立研究区内正常状态下的云参数信息，建立云参数背景场，通过对比研究时间内云参数与云参数背景场，判断水分盈缺程度。云参数背景场能够体现研究区内的需水、持水特性，从而提高监测精度。

内蒙古自治区东西部土壤类型不同，地表植被覆盖类型差异也较大，利用普通的监测模型进行全区监测精度得不到保证。建立内蒙古自治区的云参数背景场，可以提高监测精度。

利用 MODIS 数据进行内蒙古地区的云参数计算，以 2012 年 6 月和 2013 年 6 月为例，计算 2012 年 6 月和 2013 年 6 月的未建立云参数背景场的旱情图，并对旱情分布结果进行统计（见表 5.7）。

遥感监测结果与历史旱情查询结果的对比分析见表 5.7。

表 5.7 监测结果与历史旱情查询结果对比分析表

时间	遥感监测结果	旱情资料查询分析结果	对比分析
2012 年 6 月	内蒙古西部有严重旱情，呼伦贝尔地区有较严重的旱情，锡林郭勒盟出现轻微旱情	内蒙古东部有轻到中旱，局地有重旱。三类墒情主要分布在锡林郭勒盟西北部、鄂尔多斯西部以及阿拉善西部及西南部	遥感监测的风险等级偏高，且范围偏大
2013 年 6 月	呼伦贝尔西部、巴彦淖尔北部、阿拉善西部有较严重旱情，锡林郭勒盟、阿拉善东部有轻微旱情	阿拉善西部、锡林郭勒盟西北部存在中度干旱，阿拉善地区、锡林郭勒盟东部巴彦淖尔与鄂尔多斯部分地区有轻微旱情	监测范围基本一致，遥感监测风险等级相对偏高

由表 5.7 可以得出以下结论：

（1）遥感监测结果与旱情资料基本一致，遥感监测结果基本能覆盖干旱发生的区域。

（2）普遍存在遥感监测范围偏大、风险等级相对偏高的现象。

通过对比分析，遥感监测范围大主要也是由于其风险等级偏高引起，解决遥感监测风险等级偏高是问题的关键，因此，可以建立云参数背景场以解决遥感监测风险等级偏高的问题。

本书以图 5.3 所示的流程进行内蒙古云参数背景场构建的试验与分析：

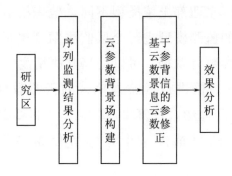

图 5.3　云参数背景场构建试验方案流程图

5.3.1　背景场

　　背景场（background field，简称为背景），通常是指能够衬托出异常的正常场值或者是平均干扰水平。背景可能是区域性的（系统的），也可能是局部的（随机的）。建立稳定、高精度的背景场，可以为研究提供一个好的参考基准。

　　建立背景场对时序分析十分重要，短期的气候监测预测不仅要考虑年际变化，还需要对年代背景有一定的认识。大量研究表明气候、气象问题存在一定的年代际变化，深入认识长时间尺度下气候异常变化对短期气候预测至关重要。在 MODIS 旱情监测模型中加入云参数背景场，有利于提高精度以及结果分析。

5.3.2　云参数背景场构建

　　云参数背景场建立的思路就是通过多年的时序监测结果，计算得到代表该地区正常水平的数值，即能代表研究区正常状态下的云参数信息。常用的特征值提取指标计算方法有算术平均值、中值、概率最大值等。

　　（1）算数平均值。算数平均值是序列分析中常见的一种方法，也是统计学中最基本、最常用的一种指标，是加权平均数的一种特殊形式（各项的权重相等）。其计算公式如下：

$$\overline{A} = \frac{A_1 + A_2 + \cdots + A_3}{n} \tag{5.2}$$

式中：A_i $(i=1,2,\cdots,n)$ 为序列数据；$\overline{A}$ 为算数平均值。

（2）中值。中值也称中位数，是指数据升序或降序排列后处于中间的数值，以此数值代表该组数据标志值的一般水平。

将数据按升序或者降序排列，若有 n 个数据，当 n 为偶数时，其中位数为第 $n/2$ 位数和第 $(n/2+1)$ 位数的平均数；若 n 为奇数，则中位数为第 $(n+1)/2$ 位数的值。

（3）概率最大值。对于一组数据，统计其各个数值出现的概率，以概率最大值代表其正常水平。

构建云参数背景场是通过多年的监测结果计算代表正常水平的值。

选用 2003—2012 年 10 年的数据建立云参数背景场，由于时间跨度较短，单点对应的序列数据较分散，相同值出现多次的概率较小，故概率最大值方法不适合进行云参数背景场的建立。而中值法稳定性相对较差，故本书选择算数平均值法进行云参数背景场的建立。先求取研究区研究时段内某月的云参数，转化为云指数后求取多年平均值，以此作为研究区当月的云参数背景场。

在获取多年云参数信息后，通过计算得到最终的云参数背景场。从内蒙古 4—10 月云参数计算结果可以看出，内蒙古西部以及东南部农田地区的持水能力较差，但中部地区以及东北草原地区的持水能力相对较好。背景场结果与内蒙古地区实际情况一致。

5.3.3　云参数背景场的干旱监测分析

通过分析研究区多年数据，得到其土壤湿度正常状态下的 3 个云参数值，剔除了地形、地表覆盖或其他因素引起的长期监测异常的情况。先利用云参数旱情遥感模型把云参数背景场转化为旱情指数，作为研究区正常状态下的基准；然后将遥感获取的云参数利用云参数模型转化为旱情指数，对遥感获取的云指数进行归一化处理，实现对 MODIS 旱情监测模型的修正。

归一化处理是将原来认为正常的状态拉伸到云参数背景场对应的状态下，本书借助距平思想，实现基于背景场的干旱修正。

距平是一组数据中某个数与平均数之间的差值，距平主要是大气科学术语，是一般数量统计著作中的"离差"。在气候统计中，距平通常指一个地区在特定期间的气象要素与同地区该要素的平均值之离差或偏差，也可指某地气象要素数值与同一时刻该所在纬度之纬向平均值的离差。

平均距平是系列数值中某个数值与该系列平均值的差，分为正距平和负距平。距平值主要是用来分析某个数据相对于该组数据长期平均值的高低。

陈维英等[154]在进行干旱监测时引入距平的概念，建立了距平植被指数，研究表明距平植被指数与降水距平百分率一致。

本书通过计算得到了 3 个云参数对应的云参数背景场信息，由云参数背景场信息计算得到云参数背景场对应的土壤湿度。对研究区 4—10 月云参数背景信息对应的土壤湿度信息进行分析，内蒙古西部地区主要为沙漠，常年缺水，耐旱能力强；呼伦贝尔草原、巴彦淖尔北部牧区耐旱能力也较强；中南部地区以及东部中心部分较为耐旱；东南部农田地区耐旱能力较差。以此作为研究区正常值，以修正云参数旱情遥感监测模型，从理论上分析，有助于降低模型监测风险等级、缩小监测中受旱范围，提高监测精度。

基于云参数背景场，以 2012 年 6 月和 2013 年 6 月为例，对 2012 年 6 月、2013 年 6 月进行修正，建立基于云参数背景场的旱情遥感监测。

对比 2012 年 6 月和 2013 年 6 月计算结果发现，西部沙漠地区正常土壤湿度水平较低，建立云参数背景场后，西部沙漠地区风险等级有所降低，干旱的范围明显变小。由于中部草原地区对应的正常土壤湿度较高，对水分的需求相对较大，修正后的结果风险等级相对增大，但大部分地区仍属于正常状态。2012 年 6 月经过修正后，西部地区干旱范围有所减小，干旱风险等级也相对降低，中部草原地区风险等级相对减小。2013 年 6 月经过修正后，西部地区干旱风险等级降低，中部草原地区干旱等级有所增加。监测结果在空间分布上连续性变强，风险等级也更符合实际情况。

5.4 基于云参数背景场的 MODIS 旱情监测模型验证

5.4.1 气象站土壤相对湿度验证

采用 2003—2012 年遥感数据建立云参数背景场，对 2012 年 4 月—2013 年 8 月遥感数据建立模型，模型以月为单位计算各种参数，结合相应时期的土壤相对湿度数据进行模型验证，并对内蒙古干旱的时空分布情况进行分析。

5.4.1.1 与旱情资料对比分析

为了直观地反映、分析模型计算结果，按旱情指数等级将结果彩色分级表示，共分为 6 个等级：特湿（D_0）、湿润（D_1）、正常（D_2）、轻旱（D_3）、中旱（D_4）、重旱（D_5）。

综合遥感监测结果以及中国天气网、国家气象卫星中心和干旱资料，对内蒙古地区 2012 年 4 月—2013 年 8 月的旱情监测结果进行对比分析（见表 5.8）。

表 5.8　　　　　　　　旱情监测结果对比

时间	监测结果	旱情资料	对比分析
2012 年 4 月	通辽以及兴安盟地区出现轻至中旱，锡林浩特市部分地区有轻旱，中部地区出现轻旱、少数地区存在中旱，阿拉善地区有轻到中旱	兴安盟东部、通辽市东部出现轻至中旱，东部部分地区存在中旱。巴彦淖尔市北部，包头市南部有轻度以上干旱出现。内蒙古中西部偏北地区、阿拉善西部地区土壤墒情较差	监测等级、范围基本一致
2012 年 5 月	内蒙古东北部、呼伦贝尔西部草原地区有中到中旱，中部偏西北地区、河套南部以及阿拉善西部有轻旱	5 月上旬，内蒙古东北部存在中度以上干旱，中旬后旱情开始缓解，存在轻至中旱。河套灌区南部有轻至中旱，三类墒情主要分布在阿拉善西部、呼伦贝尔西部等地区	监测等级、范围基本一致

续表

时间	监 测 结 果	旱 情 资 料	对比分析
2012 年 6 月	鄂尔多斯地区出现重至中旱，呼伦贝尔部分地区有轻旱，内蒙古西部地区有中旱	内蒙古东部有轻至中旱，局地有重旱。三类墒情主要分布在锡林郭勒盟西北部、鄂尔多斯西部以及阿拉善西部及西南部	监测等级、范围基本一致
2012 年 7 月	除阿拉善西部以及中部小区域内的轻旱外，全区土壤湿度表现较好	7 月内蒙古旱情基本解除，降水次数多、范围广，除阿拉善西部存在三类墒情外，其余大部分地区以一类墒情为主	监测等级、范围基本一致
2012 年 8 月	全区除阿拉善地区有中至中旱，呼伦贝尔西部小区域以及锡林浩特西北部小区域出现轻旱，其余地区表现较好	呼伦贝尔部分地区存在旱情。全区除阿拉善大部分区域为三类墒情外，其余大部分地区土壤墒情较好	监测等级、范围基本一致
2012 年 9 月	阿拉善西部有轻至中旱，呼伦贝尔西北部地区及乌兰察布市部分地区有轻旱，少数地区有中旱出现	9 月初，内蒙古东部有轻至中旱。呼伦贝尔西北部、乌兰察布市中部，赤峰南部有轻度以上干旱。阿拉善西部、中部偏北地区以及呼伦贝尔西北部地区有三类墒情出现	监测等级、范围基本一致
2012 年 10 月	内蒙古东部及中部地区出现轻旱，少部分区域有中旱出现，阿拉善西部有轻至中旱	2012 年秋季，内蒙古东部出现旱情。乌兰察布市中部、鄂尔多斯市部分区域有轻旱	监测等级、范围基本一致
2013 年 4 月	兴安盟部分区域出现轻至中旱，少部分区域有中旱，中部以轻旱为主，西部地区主要以中旱为主	内蒙古中部大部分地区春季存在轻至中旱，局地重旱。内蒙古中部和西部存在轻至重旱。内蒙古中部及西部主要为三类墒情，一类墒情主要分布在中东部大部地区。兴安盟主要以二类墒情为主，部分地区出现三类墒情	监测等级、范围基本一致

续表

时间	监 测 结 果	旱 情 资 料	对比分析
2013 年 5 月	呼伦贝尔西部有轻至中旱，中部地区主要以正常和轻旱为主，阿拉善地区则为轻至中旱，部分地区有重旱出现	内蒙古中部地区有中度以上旱情。5 月上旬中部旱情发展，至 5 月末，锡林郭勒盟大部分地区存在旱情。呼伦贝尔西部出现轻度干旱。中西部地区墒情较差	监测等级、范围基本一致
2013 年 6 月	锡林郭勒盟、阿拉善地区、巴彦淖尔北部、包头等地区有轻至中旱，呼伦贝尔西部有轻微旱情	内蒙古中部和西部存在不同程度的旱情。阿拉善西部、锡林郭勒盟西北部存在中度干旱，阿拉善地区、锡林郭勒盟东部巴彦淖尔与鄂尔多斯部分地区有轻微旱情	监测等级、范围基本一致
2013 年 7 月	除内蒙古西部主要以轻旱为主，部分区域出现中至重旱，中部偏西北地区出现轻旱	锡林郭勒盟西北部、乌兰察布市北部出现轻旱，阿拉善西部有轻至中旱。一类墒情主要集中在东部地区，中西部地区主要以二类墒情和三类墒情为主	监测等级、范围基本一致
2013 年 8 月	呼伦贝尔西部、内蒙古中部部分区域有中旱，内蒙古西部主要以轻旱为主，阿拉善西部出现中旱	内蒙古部分地区存在轻至中旱。赤峰、通辽、锡林郭勒盟北部、巴彦淖尔西北部出现轻旱，阿拉善大部有轻旱。一类墒情主要在内蒙古东部，中部以二类墒情为主，西部地区则主要为三类墒情	监测等级、范围基本一致

通过对 2012 年 4 月—2013 年 8 月监测结果以及旱情资料的对比分析可知，监测等级、范围与旱情资料基本一致。但需要对监测结果进行进一步的定量分析。

模型监测结果图直观地反映了旱情的空间分布情况、旱情等级、旱情面积等，对科学指导生产工作具有一定的现实意义。

在监测期内内蒙古地区旱情具有以下时空分布特征：

（1）河套地区。由于引黄河水灌溉等，其发生干旱的频率相对其他区域较小，且受旱面积也较小。

（2）内蒙古东部草原。在生长季易遭受干旱的影响。

（3）内蒙古西部沙漠地区。由于高山阻挡等，属于温带大陆性气候，常年干旱。

（4）内蒙古东部。相对较易发生春秋旱，但发生频率相对较小。

总的来说内蒙古地区的时空分布特征为：西部相对东部发生干旱的频率高，且牧区相对于农区频率高。对内蒙古整个地区而言，较易发生春秋旱，夏旱的概率相对较小。西部裸地或低植被覆盖区发生干旱概率大于中部典型草原，大于耕地、农田或植被区。

通过模型监测结果获取旱情分布情况的同时，统计各旱情级别的面积见表 5.9，这可以作为旱情影响定量分析的基础数据。

表 5.9　　　　　内蒙古各旱情级别的面积统计　　　　单位：km²

时　间	湿润	正常	轻旱	中旱	重旱
2012 年 4 月	528	684261	449352	23842	116
2012 年 5 月	138	627536	510443	19210	1230
2012 年 6 月	109448	524783	207624	235619	77726
2012 年 7 月	219	848171	297898	12074	227
2012 年 8 月	32916	954518	113016	56952	1027
2012 年 9 月	6615	825881	199909	125186	804
2012 年 10 月	802	620273	391386	145773	161
2013 年 4 月	164851	414778	214083	351869	11896
2013 年 5 月	5347	496137	293327	325994	37614
2013 年 6 月	28885	634434	398493	94761	687
2013 年 7 月	43314	705672	281843	105953	21588
2013 年 8 月	4453	900047	223855	29896	58

由表 5.10 可以看出，2012 年 6 月、2013 年 4—5 月及 7 月重旱面积相对较多，对比分析旱情监测结果及旱情资料结果如下：在

2012 年 6 月、2013 年 4—5 月及 7 月，内蒙古部分地区出现重旱。且根据表 5.9，2012 年和 2013 年 6—8 月土壤湿润和正常的面积也相对较多，这与内蒙古地区降水时间特征相一致。

5.4.1.2　与气象站土壤相对湿度的对比分析

1. 旱情等级分析

5.4.1.1 节对模型进行时空分布上的验证，只是对旱情进行定性分析，得到了旱情的发展趋势。本节对模型进行进一步的定量分析，以验证模型的准确性和稳健性。对 2012 年 4 月—2013 年 8 月模型计算结果及其对应的旱情等级与气象站土壤相对湿度数据的旱情等级进行比较，监测结果统计见表 5.10。

表 5.10　　　　　　　　　**模型监测结果统计表**

时　间	相　差　等　级			
	0（百分比）	1（百分比）	2（百分比）	3（百分比）
2012 年 4 月	15（55.56%）	8（29.63%）	3（11.11%）	1（3.70%）
2012 年 5 月	15（48.39%）	10（32.26%）	5（16.13%）	1（3.23%）
2012 年 6 月	19（73.08%）	7（26.92%）	—	—
2012 年 7 月	19（65.52%）	10（34.48%）	—	—
2012 年 8 月	37（54.41%）	18（26.47%）	13（19.12%）	—
2012 年 9 月	41（53.95%）	24（31.58%）	11（14.47%）	—
2012 年 10 月	25（42.37%）	26（44.07%）	8（13.56%）	—
2013 年 4 月	23（39.66%）	24（41.38%）	10（17.24%）	1（1.72%）
2013 年 5 月	21（33.87%）	32（51.61%）	9（14.52%）	—
2013 年 6 月	20（62.50%）	7（21.88%）	5（15.62%）	—
2013 年 7 月	33（55.93%）	16（27.12%）	8（13.56%）	2（3.39%）
2013 年 8 月	34（52.31%）	26（40.00%）	4（6.15%）	1（1.54%）

表 5.10 中，相差等级为模型计算所得的干旱等级与地面气象站点实测数据的干旱等级的比较结果，允许模型监测结果与实测数据的旱情等级相差 1 个级别统计 2012 年 4—10 月和 2013 年 4—8 月共 12 个月监测结果，相差 1 个级别范围内的误差水准在 80% 以上，相差 2 个级

别及以上误差不超过 20％，相差 3 个级别误差不超过 5％。1 个级别的误差水准控制在 70％以上，表明了模型监测结果的准确性和稳定性。

分析表 5.10 中监测结果，可以看出 6—8 月干旱等级相同的误差基本控制在 50％以上，而其他月份基本都在 30％～50％，表明模型在夏季监测结果稍好于其他季节。

在监测结果对比中，出现少数站点的监测结果与实测资料相差 2 个等级，分析其原因主要有以下几个方面：

（1）遥感数据反映的是地面 1km×1km 范围内的平均土壤相对湿度，而地面土壤相对湿度数据是少数点数据，点数据与面数据相比，在一定程度上会产生误差。

（2）干旱的成因具有复杂性和多样性的特点，无法对许多因素进行定量分析，如人工降雨、灌溉等。

（3）遥感数据反映的主要是地表的土壤相对湿度，而验证数据为 20cm 深的土壤相对湿度数据，两者之间的关系有待于进一步验证。

（4）模型在季节变化和纬度变化上的适应性还不够，夏季模型监测结果相对较好。

2. 相关性检验

对模型监测结果与土壤相对湿度数据进行相关性分析以及显著性检验，见表 5.11。

表 5.11　　　　模型计算结果与土壤相对湿度数据相关性分析

时　间	相关性	时　间	相关性
2012 年 4 月	−0.362[1]	2012 年 10 月	−0.307[1]
2012 年 5 月	−0.411[2]	2013 年 4 月	−0.652[2]
2012 年 6 月	−0.556[2]	2013 年 5 月	−0.487[2]
2012 年 7 月	−0.426[2]	2013 年 6 月	−0.401[2]
2012 年 8 月	−0.621[2]	2013 年 7 月	−0.565[2]
2012 年 9 月	−0.509[2]	2013 年 8 月	−0.357[2]

[1] 在 0.05 水平（单侧）上显著相关。

[2] 在 0.05 水平（双侧）上显著相关。

由表 5.11 可以看出，模型计算结果与土壤相对湿度数据呈现明显负相关（土壤相对湿度越大，模型结果值越小），且大部分月份通过了 95% 的双侧显著性检验，除 2012 年 4 月以及 2012 年 10 月只通过了 95% 的单侧显著性检验。对比表 5.11 中各月份数据，模型计算结果与土壤相对湿度数据在夏季相关性较好。

5.4.2　野外实测土壤含水率验证

在利用气象站点土壤相对湿度数据进行模型定性定量分析与验证后，进一步利用野外实测土壤含水率数据进行模型的验证。模型利用各参数与土壤相对湿度关系建立，而土壤相对湿度与土壤相对含水率有本质上的区别，所以本书尝试利用土壤相对含水率进行模型的验证，为今后的研究奠定基础。

本书使用 2014 年 5 月磴口县及乌审旗的采样数据以及 2015 年 7 月达茂旗的采样数据进行模型验证。

5.4.2.1　与旱情资料的对比分析

综合遥感监测结果以及中国天气网、国家气象卫星中心和干旱资料，对内蒙古地区 2014 年 5 月、2015 年 7 月旱情监测结果进行对比分析。

根据旱情资料，2014 年春季，内蒙古中东部有轻—中旱，东北部局地有重旱。三类墒情主要分布在内蒙古中部及西部地区，中东部地区主要为一类墒情及二类墒情。模型监测结果中，中西部除河套平原等地区外有轻—中旱，锡林郭勒盟主要以中旱为主，局地有重旱。东北部地区有轻—中旱。模型计算结果与历史旱情资料干旱范围及等级较为一致。

2015 年进入 7 月后，内蒙古中部部分区域有中—重旱。三类墒情主要分布在内蒙古东部草原地区、内蒙古中部部分区域以及西部地区。模型监测结果表明：内蒙古东部草原地区有轻—中旱，部分地区出现重旱；内蒙古中部偏北区域有轻—中旱，少部分区域有重旱；内蒙古西部主要以中旱、重旱为主。模型监测结果与历史旱情资料干旱范围及等级相对较为一致。

表 5.12 为 2014 年 5 月以及 2015 年 7 月的旱情面积统计。由表 5.12 可以发现，2015 年 7 月相对于 2014 年 5 月的湿润面积较多，但占总体比例相差不大；两个月份总体土壤水平也处于中等状态。

表 5.12　　　　　　　旱 情 面 积 统 计　　　　　单位：km²

时　　间	湿润	正常	轻旱	中旱	重旱
2014 年 5 月	57274	665746	243749	218941	16145
2015 年 7 月	97904	567705	289378	139059	65273

5.4.2.2　野外实测对比分析

　　2014 年 5 月和 2015 年 7 月模型计算结果对应的干旱等级与野外试验土壤含水率数据对应的干旱等级（10～20cm 土层土壤含水率）对比分析见表 5.13 和表 5.14。

表 5.13　　　　　　2014 年 5 月监测结果对比表

点号	纬度 /(°)	经度 /(°)	质量含水率 （等级）	模型结果 （等级）	相差等级
1.1	39.1628	108.5751	5.56（D_4）	0.781（D_3）	1
1.2	39.1109	109.0308	6.78（D_4）	0.892（D_3）	1
1.3	39.0333	109.0450	3.91（D_5）	0.871（D_3）	2
1.4	38.5359	109.1217	7.58（D_4）	1.011（D_4）	0
1.5	38.5858	109.2032	6.44（D_4）	0.971（D_3）	1
1.6	39.0329	109.3136	9.24（D_4）	0.525（D_3）	1
1.7	38.4416	109.0405	6.18（D_4）	0.930（D_3）	1
1.8	38.4014	108.5812	4.88（D_5）	0.549（D_3）	2
1.15	38.2804	108.4512	4.64（D_5）	0.893（D_3）	2
1.16	38.2512	108.4051	7.94（D_4）	1.167（D_4）	0
1.18	38.1742	108.4148	6.17（D_4）	0.857（D_3）	1
1.19	38.1530	108.4205	5.62（D_4）	1.055（D_4）	0
1.20	38.1447	108.3955	6.23（D_4）	1.097（D_4）	0

续表

点号	纬度 /(°)	经度 /(°)	质量含水率 （等级）	模型结果 （等级）	相差等级
1.21	38.1323	108.4155	17.96（D_2）	1.115（D_4）	2
1.22	38.0408	108.3542	7.53（D_4）	0.837（D_3）	1
2.1	40.4637	106.3212	0.39（D_5）	1.058（D_4）	1
2.3	40.4458	106.2952	0.45（D_5）	1.027（D_4）	1
2.4	40.4440	106.3210	0.65（D_5）	1.073（D_4）	1
2.5	40.4310	106.2711	0.75（D_5）	0.743（D_3）	2
2.6	40.4027	106.2548	0.53（D_5）	1.230（D_4）	1
2.7	40.3714	106.2601	2.13（D_5）	1.311（D_4）	1
2.8	40.3847	106.2325	1.41（D_5）	1.275（D_4）	1
2.9	40.3621	106.2158	2.83（D_5）	1.021（D_4）	1
2.10	40.3438	106.2106	2.15（D_5）	1.009（D_4）	1

表 5.14　　　　2015 年 7 月监测结果对比表

点号	经度 /(°)	纬度 /(°)	质量含水率 （等级）	模型结果 （等级）	相差等级
1	110.071	42.300	3.03（D_5）	0.800（D_3）	2
2	109.512	42.235	7.48（D_4）	0.578（D_3）	1
3	109.534	42.152	7.02（D_4）	1.106（D_4）	0
4	109.434	41.460	11.05（D_4）	1.136（D_4）	0
5	109.382	41.454	5.46（D_4）	0.929（D_3）	1
6	109.382	41.345	11.08（D_4）	0.988（D_3）	1
7	109.512	41.383	5.26（D_4）	0.880（D_3）	1
8	110.083	41.516	6.17（D_4）	0.293（D_2）	2
9	110.282	41.565	5.91（D_4）	1.443（D_4）	0
10	110.302	42.141	1.40（D_5）	0.614（D_3）	2
11	110.274	42.265	4.26（D_5）	0.861（D_3）	2
12	110.450	41.544	4.08（D_5）	0.794（D_3）	2
13	110.331	41.493	4.43（D_5）	1.065（D_4）	1
14	110.295	41.392	5.65（D_4）	1.038（D_4）	0

点号	经度/(°)	纬度/(°)	质量含水率（等级）	模型结果（等级）	相差等级
15	110.164	41.262	4.39 (D_5)	1.238 (D_4)	1
16	110.323	41.274	5.18 (D_4)	0.513 (D_3)	1
17	110.560	41.406	8.26 (D_4)	0.286 (D_2)	2
18	111.071	41.301	8.83 (D_4)	0.283 (D_2)	2
19	111.164	41.355	3.32 (D_5)	0.420 (D_2)	3
20	111.235	41.246	3.52 (D_5)	0.295 (D_2)	3
21	111.136	41.184	2.73 (D_5)	0.220 (D_2)	3

对比模型计算结果及土壤含水率对应干旱等级：2014 年 5 月中干旱等级相同的有 4 个（占 16.7%），相差 1 个级别的共 15 个（占62.5%），相差 2 个级别的共 5 个（占 20.8%），相差 1 个级别范围内的误差水准达到 79%。

2015 年 7 月监测结果中干旱等级相同的有 4 个（占 19.05%），相差 1 个级别的共 7 个（占 33.33%），相差 2 个级别的共 7 个（占33.33%），相差 3 个级别的共 3 个（占 14.29%），相差 1 个级别范围的误差水准为 52.83%。

2015 年 7 月监测结果相对于 2014 年 5 月结果较差，但在 2014年 5 月监测结果中，监测等级相同的站点相对较少，主要为相差1 个级别的站点，分析其原因主要有以下几个方面：

（1）模型是通过土壤相对湿度与各参数的关系建立起来的，而土壤含水率与土壤相对湿度有本质上的区别。同一点上土壤相对湿度与土壤含水率对应的干旱等级可能不同。

（2）土壤含水率数据为当月某几天采集的数据，不能代表当月的平均状况。

5.5　小　　结

本章针对研究区进行基于云参数背景场的 MODIS 旱情监测模型的试验与分析，主要包括利用土壤相对湿度、土壤含水率进行模型的验证，进行模型定性分析及模型应用。

利用土壤相对湿度数据进行模型定量分析，相差一个等级范围内的误差水准控制在 80％以上，两者的相关性在 0.3～0.6 之间，大部分月份都通过了 95％的双侧显著性检验。分析结果表明，模型在夏季监测结果相对较好。利用历史旱情资料进行定性分析，分析内蒙古地区的时空变化特征，可以得到旱情的发展趋势。

利用野外实测土壤含水率对模型进行验证，模型计算结果与土壤含水率旱情等级对比结果较差。但与历史资料等进行定性分析时，监测结果对比等级、范围基本一致。

第6章 内蒙古旱情时空变化特征及其影响因素

在内蒙古地区MODIS旱情监测模型验证的基础上，利用土地覆盖类型数据及监测结果分析内蒙古地区干旱的时空变化特征，并综合考虑与干旱发生密切相关的气温、降水因素，分别对监测结果、土壤相对湿度与气温和降水进行关联度分析，分析内蒙古干旱的影响因素。

6.1 旱情与土地覆盖类型

土地覆盖类型数据来源于国家自然科学基金委员会"中国西部环境与生态科学数据中心"的WESTDC系列土地覆盖数据产品。WESTDC Land Cover Products 2.0数据集以第一版为基础，加以2001年中国部分MODIS土地覆盖产品数据（3—7月），并采用IGBP分类系统将土地覆盖数据产品数据处理后得到内蒙古地区的土地覆盖数据。

内蒙古地区土地覆盖类型主要为典型草原，西部地区裸地或低植被覆盖区面积也较大。河套平原、中南部及东部部分地区有耕地，而东北部地区则主要为林地。

对各土地覆盖类型进行矢量化，统计各土地覆盖类型的面积及其占研究区总面积的百分比见表6.1。

表6.1 土地覆盖类型面积统计表

土地覆盖类型	面积/km²	百分比/%
常绿针叶林	17084	1.497559

土地覆盖类型	面积/km²	百分比/%
常绿阔叶林	49	0.004295
落叶针叶林	12928	1.13325
落叶阔叶林	8883	0.778671
混交林	43476	3.811043
郁闭灌丛	12608	1.105199
稀疏灌丛	10095	0.884913
多树草原	34941	3.062877
稀树草原	14450	1.266666
典型草原	532768	46.70167
永久湿地	25890	2.26948
耕地	116636	10.22414
城市和建筑	10695	0.937508
农田/植被	259	0.022704
裸地或低植被覆盖区	290883	25.49838
水体	9145	0.801637

从表 6.1 中可见，内蒙古地区主要为典型草原，占研究区总面积的 46.7%；占研究区总面积 10% 以上的土地覆盖类型还有裸地或低植被覆盖区（占 25.5%）、耕地（占 10.2%）。这 3 种土地覆盖类型占研究区总面积的 82.4%，其余土地覆盖类型占了研究区总面积的不到 20%。水体仅占了研究区总面积的不到 1%，这也与内蒙古地区易旱情的气候密不可分。

基于研究区土地覆盖类型数据，提取不同土地覆盖类型矢量数据，统计各土地覆盖类型的模型计算结果（见表 6.2），分析不同土地覆盖类型与旱情间的关系。

表 6.2 各土地覆盖类型旱情监测结果

类型	2012年4月	2012年5月	2012年6月	2012年7月	2012年8月	2012年9月	2012年10月	2013年4月	2013年5月	2013年6月	2013年7月	2013年8月
常绿针叶林	0.36	0.47	-0.47	0.11	-0.27	0.2	0.51	-0.14	0.4	-0.12	-0.28	0.4
落叶针叶林	0.25	0.48	-0.57	0.08	-0.32	0.13	0.46	0.52	0.37	-0.17	-0.28	0.37
落叶阔叶林	0.34	0.47	-0.31	0.13	-0.23	0.26	0.48	-0.75	0.47	-0.18	-0.26	0.47
混交林	0.26	0.56	-0.43	0.07	-0.33	0.1	0.41	1.01	0.39	-0.2	-0.3	0.39
郁闭灌丛	0.35	0.26	-0.31	0.2	-0.03	0.28	0.41	1.72	0.29	0.21	-0.05	0.29
稀疏灌丛	0.42	0.4	0.47	0.35	0.15	0.34	0.42	0.75	0.57	0.43	0.24	0.57
多树草原	0.35	0.49	-0.36	0.13	-0.27	0.25	0.55	1.26	0.44	-0.11	-0.26	0.44
稀树草原	0.38	0.48	-0.31	0.16	-0.22	0.27	0.52	1.44	0.43	-0.06	-0.23	0.43
典型草原	0.43	0.44	0.42	0.39	0.17	0.36	0.47	0.44	0.65	0.46	0.32	0.65
永久湿地	0.43	0.45	0.24	0.3	0.08	0.34	0.44	0.28	0.59	0.31	0.16	0.31
耕地	0.47	0.32	0.24	0.29	0.05	0.31	0.39	0.4	0.49	0.33	0.1	0.33
城市和建筑	0.45	0.36	0.37	0.31	0.07	0.28	0.38	0.47	0.52	0.32	0.21	0.32
农田/植被	0.44	0.32	-0.08	0.24	0.06	0.37	0.41	0.22	0.44	0.2	0.08	0.2
裸地或低低被覆盖区	0.66	0.59	1.05	0.5	0.57	0.78	0.79	0.99	1.04	0.6	0.84	0.6
研究区	0.48	0.47	0.46	0.37	0.21	0.44	0.54	0.48	0.71	0.41	0.35	0.71

从表 6.2 中可以看出,裸地或低植被覆盖区相对干旱值较高,其次是典型草原。进一步分析研究区中面积比重较大、较易发生干旱的土地覆盖类型,图 6.1 所示为 2012 年 4—10 月和 2013 年 4—8 月三种土地覆盖类型的模型计算结果。

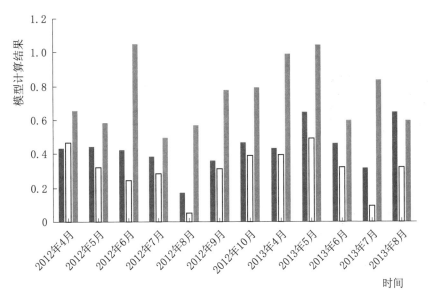

图 6.1　三种土地覆盖类型的模型计算结果

从图 6.1 中可以看出,裸地或低植被覆盖区发生干旱的频率高、等级高;典型草原次之,耕地最小。可见在内蒙古地区,裸地或低植被覆盖区面积相对较大,且发生干旱的频率高、等级高;典型草原面积接近一半,虽干旱等级不高,也需要引起重视。

6.2　典型年旱情时空变化特征及其影响因素

6.2.1　典型年确定

针对内蒙古地区,利用多年降水资料,计算得到具有代表性的枯水年、丰水年及平水年。由于第一颗 EOS 轨道卫星于 1999

年年底发射升空，所以仅对有 MODIS 数据资料的 2000—2014 年进行典型年计算。对典型年干旱情况进行进一步分析。

通过气象数据共享网，获取 2000—2014 年的月降水，并计算其年降水数据。对年降水资料进行倒序排列，并计算得到皮尔逊Ⅲ型曲线，如图 6.2 所示。

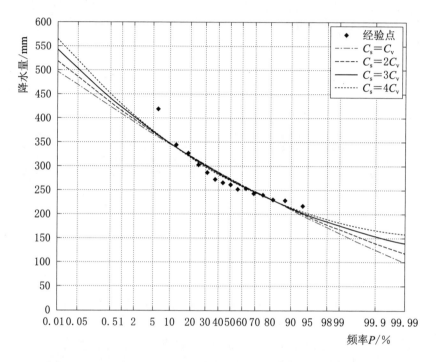

图 6.2　2000—2014 年内蒙古地区降水量皮尔逊Ⅲ型曲线

根据频率曲线，得到频率分析结果（见表 6.3）。

表 6.3　典型年降水量频率分析

降水量频率	典型年		
	丰水年（25%）	平水年（50%）	枯水年（75%）
数值	303.33（2008 年）	261.53（2014 年）	215.99（2001 年）

通过对 2000—2014 年的降水频率分析可以得到：丰水年为 2008 年，平水年为 2014 年，枯水年为 2001 年。

6.2.2 典型年旱情时空变化特征

利用 MODIS 旱情监测模型，对内蒙古地区典型年进行模型计算。由于第 5 章已对模型进行验证，本章不再对典型年模型结果进行验证。计算发现内蒙古地区干旱时空变化特征如下。

（1）内蒙古地区干旱的地区特征明显，干旱发生的频率为西部大于中部，中部大于东部，荒漠大于牧区大于农区。

（2）典型年间对比发现，枯水年发生干旱面积范围大，而丰水年除西部干旱外，只有少部分区域有干旱现象。以平水年为代表，可以发现内蒙古地区的干旱具有频发性及普遍性的特点。

（3）东部草原干旱易发生在生长季，而东部森林较易发生春秋旱，西部荒漠常年受干旱影响。

6.2.3 典型年旱情影响因素分析

土壤相对湿度的变化受气象、土壤质地、地形、植被、土地利用方式等多种因素影响。土壤相对湿度变化程度随地点、季节的变化而对不同因素的反应也不同。内蒙古大部分区域为干旱和半干旱气候，土壤相对湿度的变化主要受气温和降水的影响。降水是土壤水分的主要来源，而气温则是土壤水分的主要消耗方式。典型年模型计算结果与气温、降水进行相关性分析见表 6.4。

表 6.4　　　模型计算结果与气温、降水的相关性分析

时　间	相　关　性	
	气　温	降　水
2001 年 4 月	0.587[②]	−0.207
2001 年 5 月	0.121	−0.393[②]
2001 年 8 月	0.547[②]	−0.603[②]
2001 年 9 月	0.274[①]	−0.418[②]
2001 年 10 月	0.071	−0.256[①]
2008 年 4 月	0.211	−0.115
2008 年 5 月	0.276	−0.209
2008 年 6 月	0.474[②]	−0.476[②]

续表

时　间	相　关　性	
	气　温	降　水
2008 年 7 月	0.448②	−0.588②
2008 年 8 月	0.233②	−0.407②
2008 年 9 月	0.548②	−0.253①
2008 年 10 月	0.181	−0.041
2014 年 4 月	0.322②	−0.245
2014 年 5 月	0.247①	−0.454②
2014 年 6 月	0.546②	−0.477②
2014 年 7 月	0.561②	−0.643②
2014 年 8 月	0.384②	−0.493②
2014 年 9 月	0.388②	−0.406②
2014 年 10 月	0.043	−0.147

① 在 0.05 水平（单侧）上显著相关。

② 在 0.05 水平（双侧）上显著相关。

　　通过对典型年模型监测结果与气温、降水的相关性分析发现，干旱与气温存在显著正相关关系，且在夏季较为明显；而降水则与干旱存在显著负相关关系，自春末至秋初，相关性较为明显，且在 6—8 月都通过了 95％的双侧显著性检验。

　　气温和降水都明显地对干旱结果产生影响，而两者与干旱的关联度可以进一步反映其对干旱的影响程度。

　　灰色系统理论提出了关联度分析的概念，通过分析系统中各个因素的主要关系，找出影响最大的因素，把握矛盾的主要方面。统计相关分析是对因素间相互关系定量分析的有效方法，灰色关联分析则用关联度来描述信息间的关联顺序。

　　参考数列与比较数列的灰色关联系数 ζ：

$$\zeta_{0i} = \frac{\Delta_{\min} + \rho \Delta_{\max}}{\Delta_{0i}(k) + \rho \Delta_{\max}} \tag{6.1}$$

　　关联系数即比较数列与参考数列在各点的关联程度值，信息分散，不便于进行整体比较。将各点的关联系数集中为一个值，作为

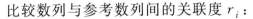

比较数列与参考数列间的关联度 r_i：

$$r_i = \frac{1}{N} \sum_{k=1}^{N} \zeta_i(k) \qquad (6.2)$$

式中：r_i 为比较数列 X_i 与参考数列 X_0 的关联度。

表 6.5 为模型计算结果与气温、降水的关联度。

表 6.5　　　　　模型计算结果与气温、降水的关联度

时　　间	关　联　度	
	气　　温	降　　水
2001 年 4 月	0.6210	0.4355
2001 年 5 月	0.4958	0.3904
2001 年 8 月	0.4560	0.3904
2001 年 9 月	0.4975	0.4297
2001 年 10 月	0.4721	0.4296
2008 年 4 月	0.4600	0.3275
2008 年 5 月	0.5082	0.4428
2008 年 6 月	0.4346	0.2949
2008 年 7 月	0.3656	0.3318
2008 年 8 月	0.4056	0.3552
2008 年 9 月	0.5241	0.3915
2008 年 10 月	0.4145	0.3684
2014 年 4 月	0.3925	0.3654
2014 年 5 月	0.4473	0.3113
2014 年 6 月	0.3675	0.3367
2014 年 7 月	0.3971	0.3242
2014 年 8 月	0.4750	0.4351
2014 年 9 月	0.4522	0.3990
2014 年 10 月	0.4364	0.4015

由表 6.5 可知，气温与模型计算结果、降水与模型的计算结果的关联度为 0.3～0.6，且气温与模型计算结果的关联度大于降水与模型计算结果的关联度，即气温对干旱的影响大于降水对干旱的影

响。进一步分析内蒙古地区干旱的影响因素，获取典型年降水、气温数据，计算降水、气温与土壤相对湿度的关联度。由于 2001 年采集土壤相对湿度数据的气象站过少，仅对 2008 年和 2014 年数据进行分析。表 6.6 为气温、降水与土壤相对湿度的关联度。

表 6.6　　　　气温、降水与土壤相对湿度的关联度

时　　间	关　联　度	
	气　　温	降　　水
2008 年 4 月	0.5622	0.3991
2008 年 5 月	0.6955	0.4761
2008 年 6 月	0.4748	0.3873
2008 年 7 月	0.2810	0.2533
2008 年 8 月	0.4428	0.3512
2008 年 9 月	0.4463	0.3228
2008 年 10 月	0.4594	0.3446
2014 年 4 月	0.4537	0.3480
2014 年 5 月	0.3781	0.2817
2014 年 6 月	0.4014	0.3457
2014 年 7 月	0.5193	0.4735
2014 年 8 月	0.5061	0.4811
2014 年 9 月	0.3936	0.2843
2014 年 10 月	0.3684	0.3428

由表 6.6 可以看出，气温与土壤相对湿度关联度大于降水与土壤相对湿度关联度，即在内蒙古地区，气温对土壤相对湿度变化的贡献大于降水。

6.3　小　　　结

在对模型验证的基础上，利用土地覆盖类型数据及气象数据，分析内蒙古干旱的时空变化特征及其影响因素，结果表明：

（1）裸地或低植被覆盖区发生干旱的频率高、等级高，典型草原发生干旱的频率及等级次之，耕地发生干旱的频率及等级最小。

（2）通过对典型年内蒙古地区干旱时空特点进行分析发现，内蒙古地区干旱频发，干旱频率具有西高东低、牧区高于农区的特点。

（3）气温与模型计算结果存在显著正相关关系，而降水则与模型计算结果存在显著负相关关系，在6—8月都通过了95％的双侧显著性检验。

（4）模型计算结果以及土壤相对湿度数据与气温和降水间的关联度都表明气温对干旱的影响大于降水对干旱的影响，即干旱的主要影响因素为气温。

第7章 基于遥感数据的荒漠化草原土壤含水率监测研究

7.1 土壤含水率遥感监测方法的适应性分析

遥感监测土壤含水率的方法较多，本书选取了稳定性较好、应用较为广泛且所需气象资料少的 3 种监测方法——SWEPDI 指数法、能量指数法与 TVDI 指数法进行对比、分析，分别得出 3 种旱情指数的优劣及其适用范围。

以 2016 年 4—10 月期间可利用的 4 期中高分辨 Landsat8/ETM＋数据为数据源，分别将 SWEPDI 指数法、能量指数法与 TVDI 指数法按不同时间、不同土层深度与对应时间的土壤含水率野外实测数据进行线性、指数及对数拟合，并进行各模型之间的比较，选择出更加适当的模型。

7.1.1 SWEPDI 的适用性研究

7.1.1.1 基本原理

$E(\rho_{red}、\rho_{nir})$ 表示 NIR - Red 特征空间上的任意一点（图 7.1），由该点到直线 L 的距离大小可以说明地表的干旱情况，即离 L 线越远地表越干旱，反之亦然。在 NIR - Red 特征空间上任意取一点 $E(\rho_{red}、\rho_{nir})$ 到直线 L 的距离 EF 可以描述干旱的状况，即距离等于垂直干旱指数（PDI）大小，因此可以建立一个基于 NIR - Red 光谱空间特征的干旱监测模型 PDI。本书采用郭兵修正后的 EPDI 模型[81]，公式如下：

$$EPDI = \frac{\rho_{red} + M\rho_{nir} - L \times (EVI - M\rho_{red})}{EVI \times \sqrt{1 + M^2}} \qquad (7.1)$$

式中：ρ_{red}、ρ_{nir} 分别为经过 FLAASH 大气校正的红波段、近红外波段反射率；M 为土壤线斜率；EVI 为增强型植被指数；L 为调整系数，按照研究区植被覆盖状况取值，在此取值为 0.6。

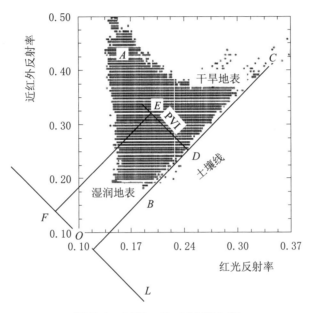

图 7.1　NIR - Red 特征空间

在土壤极度干旱时，EPDI 指数均趋向于 0，而当地表湿度很大或者地表为水体时，EPDI 指数则趋近于 1，因此用 1 减去各种归一化干旱指数便得到了土壤水分指数 SWEPDI，即：

$$SWEPDI = 1 - EPDI \qquad (7.2)$$

7.1.1.2　模型验证

由数理统计原理可知，构建模型的相关系数 R 越大，则它的拟合程度越高，相对较优。综合比较各时期各不同土层深度 R 值，得到不同时期、不同土层深度的最优模型，见表 7.1。

表 7.1　　　　　　　　SWEPDI 对土壤含水率的最优模型

时间	土层深度/cm	采用模型	相关系数 R	系数项	常数项	相对误差 Δ/%
	0～10	指数	0.662	5.8457	0.0853	13.12
4 月	0～20	指数	0.608	4.7494	0.2033	14.51
	0～30	指数	0.549	3.9208	0.4003	17.45

续表

时间	土层深度/cm	采用模型	相关系数 R	系数项	常数项	相对误差 Δ/%
4 月	10~20	指数	0.568	4.1709	0.3256	15.84
	20~30	指数	0.524	3.5499	0.568	18.97
6 月	0~10	直线	0.434	12.871	−5.4539	17.77
	0~20	直线	0.453	13.138	−5.48	16.94
	0~30	直线	0.408	12.018	−4.6159	19.56
	10~20	直线	0.451	13.219	−5.4167	16.24
	20~30	直线	0.286	9.4159	2.6094	28.65
8 月	0~10	直线	0.63	16.387	−1.7516	15.65
	0~20	直线	0.615	14.153	−0.2252	14.94
	0~30	直线	0.584	14.178	0.3192	18.12
	10~20	直线	0.602	11.748	1.4158	17.23
	20~30	对数	0.547	5.4163	12.511	23.66
9 月	0~10	指数	0.716	6.1565	0.1151	11.95
	0~20	指数	0.679	5.1099	0.2535	12.58
	0~30	指数	0.681	4.8964	0.3032	11.76
	10~20	指数	0.635	4.4543	0.4189	16.58
	20~30	指数	0.659	4.5055	0.4092	15.40

将式（7.2）按照4个不同时期做出 SWEPDI 最优模型数统计（表 7.2）。

表 7.2　　　　　　　　SWEPDI 最优模型数统计

深度 /cm	4 月			6 月			8 月			9 月		
	指数	直线	对数	指数	直线	对数	指数	直线	对数	指数	直线	对数
0~10	0	1	0	0	1	0	1	0	0	1	0	0
0~20	0	1	0	0	1	0	1	0	0	1	0	0
0~30	0	0	1	0	1	0	1	0	0	1	0	0
10~20	0	1	0	0	1	0	1	0	0	1	0	0
20~30	0	1	0	0	1	0	0	0	1	1	0	0
合计	0	4	1	0	5	0	5	0	0	5	0	0

由表 7.1 和表 7.2 能够明显看出，SWEPDI 最优模型在研究区内植被生长的不同时期呈现出一定的规律：

（1）4 月筛选的最优模型中，直线模型的数量最多，最优模型个数为 4 个，对数模型次之，最优模型个数为 1 个，指数模型的拟合度较差，最优模型个数为 0。

（2）6 月筛选的最优模型中，直线模型的数量最多，最优模型个数为 5 个，拟合效果明显优于指数、对数两个模型，其他两者最优模型的个数均为 0。

（3）8 月、9 月筛选的最优模型中，指数模型的数量最多，最优模型个数为 5 个，拟合效果明显优于线性、对数两个模型，其他两者最优模型的个数均为 0。整体来说，指数模型与线性模型拟合效果相差不大，但 6 月拟合程度基本处于低度线性相关，故可以确定 SWEPDI 指数模型为最理想的拟合函数。

筛选出最优模型后，得到 SWEPDI 拟合值与实测值的相对误差见表 7.3，同时绘制出 SWEPDI 最优模型在不同时期、各深度相关系数以及相对误差的趋势图（见图 7.2）。

表 7.3　　　SWEPDI 拟合值与实测值的相对误差分析

土层深度/cm	4 月 Δ/%	6 月 Δ/%	8 月 Δ/%	9 月 Δ/%
0～10	13.12	17.77	15.65	11.95
0～20	14.51	16.94	14.94	12.58
0～30	17.45	19.56	18.12	11.76
10～20	15.84	16.24	17.23	16.58
20～30	18.97	28.65	23.66	15.40
各层平均 Δ/%	15.98	19.83	17.92	13.65

注　Δ 为平均相对误差。

通过观察并分析表 7.3 与图 7.2 可以得到以下结论：

（1）筛选出的最优模型中，不同时期各土层深度的相关系数 R 值均大于 0.4，属于显著性相关。其中，6 月各土层深度的相关系数 R 为 0.4 左右，平均相对误差为 19.83%；而其他三期数据相关系数 R 均大于 0.52，平均相对误差分别为 15.98%、17.92%、

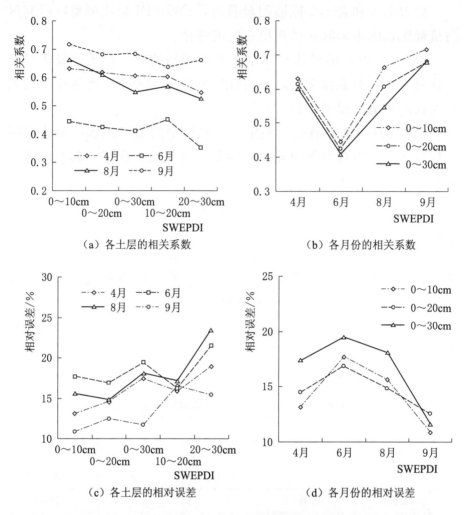

图 7.2　SWEPDI 法最优模型各深度相关系数及相对误差的变化分析

13.65%，反演精度与詹志明等[166]的研究成果相似。6 月各土层深度的相关系数 R 比其他月份低，平均相对误差较大。分析其原因可能与 ETM＋数据的条带有关系，即使采用一定算法对其进行修复也存在一定的偏差。

（2）各月份的相关系数 R 随着土层深度（0～10cm、0～20cm、0～30cm）的增加而整体呈现出下降趋势，而平均相对误差随着土层深度（0～10cm、0～20cm、0～30cm）的增加而整体呈现出上升趋势，说明 SWEPDI 法更适合 0～10cm 深度土壤表层含水率的监测，这与 Nir‑Red 监测土壤水分的有效深度为0～10cm极为相符。其中 4 月的相关系数 R 随着土层深度的增加而整体下降趋势较缓，这可能与 4 月处于干旱时期、各土层深度的含水率相差不大有关。

（3）4 月、9 月各土层深度（0～10cm、0～20cm、0～30cm）的相关系数 R 整体比 6 月、8 月各土层深度的相关系数 R 大一些，平均相对误差有所降低，这说明 SWEPDI 法更为适合植被覆盖度较低的土壤表层含水率监测。

7.1.2　能量指数法的适用性研究

7.1.2.1　基本原理

根据土壤热力学理论，地球表面接收太阳辐射以后，经过复杂的转换后又以长波辐射的形式向外发射能量，因此，较强的长波辐射标志着地表温度较高。能量指数的基本思路是地球表面单位面积上得到的短波辐射为（$1-A_1$），土壤越干燥，经过转换向外放出的长波辐射越强，表现为地表和植冠温度越高，因为土壤中或植被中的水分吸收了一部分太阳辐射；土壤越湿润，经过转换向外放出的长波辐射越弱，表现为地表和植冠温度越低[167]。利用遥感数据与土壤墒情数据建立能量指数关系：

$$D=(1-A_1)/T_S \qquad (7.3)$$

式中：A_1 为近红外波段（光谱范围 841～876nm）的反照率；T_S 为地表温度。

7.1.2.2　模型的回归拟合和验证

采用 2016 年 4—10 月中的 4 期各土层深度含水率，前后用指数（$W=a\times e^{bQ}$）、直线（$W=a+bQ$）、对数（$W=a+b\ln Q$）模型，以 SWEPDI 指数分别与 0～10cm、0～20cm、0～30cm、10～20cm、20～30cm 各土层深度的土壤含水率建立回归方程。由数理统计原理可知，构建模型的相关系数越大，则它的拟合程度越高，相对较优。综合比较各时期各不同土层深度 R 值，得到不同时期、不同土层深度的最优模型，见表 7.4。

表 7.4　　　　　能量指数法对土壤含水率的最优模型

时　间	土层深度/cm	采用模型	相关系数 R	系数项	常数项	相对误差 Δ/%
4 月	0～10	直线	0.652	106.47	−18.623	13.84
	0～20	直线	0.636	102.36	−17.295	14.71
	0～30	直线	0.63	99.422	−16.269	15.17
	10～20	直线	0.621	96.066	−15.523	16.27
	20～30	直线	0.566	92.419	−14.024	21.41
6 月	0～10	对数	0.461	11.96	24.76	19.28
	0～20	对数	0.449	12.088	25.159	20.94
	0～30	指数	0.416	13.589	0.2715	24.8
	10～20	对数	0.453	12.242	25.567	20.4
	20～30	指数	0.364	12.37	0.3637	29.14
8 月	0～10	指数	0.692	16.476	0.0981	13.34
	0～20	指数	0.677	13.736	0.2156	15.21
	0～30	指数	0.673	12.721	0.2971	15.11
	10～20	指数	0.638	11.861	0.369	20.27
	20～30	指数	0.545	9.8404	0.6812	21.96
9 月	0～10	指数	0.788	15.631	0.0328	11.71
	0～20	指数	0.754	13.42	0.0761	12.03
	0～30	指数	0.749	12.42	0.1117	12.87
	10～20	指数	0.716	11.789	0.1413	14.92
	20～30	指数	0.725	10.905	0.1982	14.24

　　按照 4 个不同时期做出能量指数法的最优模型数统计，见表 7.5。

表 7.5　　　　　能量指数法的最优模型数统计

深度 /cm	4 月			6 月			8 月			9 月		
	指数	直线	对数	指数	直线	对数	指数	直线	对数	指数	直线	对数
0～10	0	1	0	0	0	1	1	0	0	1	0	0
0～20	0	1	0	0	0	1	1	0	0	1	0	0

续表

深　度 /cm	4 月			6 月			8 月			9 月		
	指数	直线	对数	指数	直线	对数	指数	直线	对数	指数	直线	对数
0~30	0	1	0	0	0	1	1	0	0	1	0	0
10~20	0	1	0	0	0	1	1	0	0	1	0	0
20~30	0	1	0	1	0	0	1	0	0	1	0	0
合计	0	5	0	1	0	4	5	0	0	5	0	0

由表 7.4 和表 7.5 能够明显看出，能量指数法的最优模型在研究区内植被生长的不同时期呈现一定的规律：

（1）4 月筛选的最优模型中，直线模型的数量最多，最优模型个数为 5 个，拟合效果明显优于指数模型和对数模型，其他两者最优模型的个数均为 0。

（2）6 月筛选的最优模型中，对数模型的数量最多，最优模型个数为 4 个；指数模型次之，最优模型个数为 1 个，直线模型的拟合度较差，最优模型个数为 0。

（3）8 月、9 月筛选的最优模型中，指数模型的数量最多，最优模型个数为 10 个，拟合效果明显优于直线模型和对数模型，其他两者最优模型的个数均为 0。

整体来说，指数模型的数量最多，最优模型个数为 11 个；直线模型次之，最优模型个数为 5 个；对数模型的拟合度较差，最优模型个数为 4 个。故可以确定能量指数法中的指数模型为最理想的拟合函数。

能量指数法拟合值与实测值的相对误差分析见表 7.6。能量指数法最优模型在不同时期和深度的相关系数及相对误差的变化趋势如图 7.3 所示。

表 7.6　能量指数法拟合值与实测值的相对误差分析

深　度/cm	4 月 Δ/%	6 月 Δ/%	8 月 Δ/%	9 月 Δ/%
0~10	13.84	19.28	13.34	11.71
0~20	14.71	20.94	15.21	12.03

续表

深　度	4月 Δ/%	6月 Δ/%	8月 Δ/%	9月 Δ/%
0～30cm	15.17	24.80	15.11	12.87
10～20cm	16.27	20.40	20.27	14.92
20～30cm	21.41	29.14	21.96	14.24
各层平均 Δ/%	16.28	22.91	17.18	13.44

注　Δ 为平均相对误差。

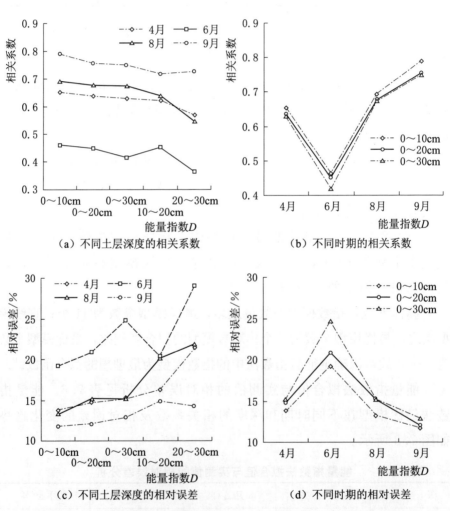

（a）不同土层深度的相关系数　　　（b）不同时期的相关系数

（c）不同土层深度的相对误差　　　（d）不同时期的相对误差

图 7.3　能量指数法最优模型在不同时期和深度的相关系数
及相对误差的变化趋势

由表7.6与图7.3可以得出以下结论：

（1）筛选出的最优模型中，不同时期的每个土层深度的相关系数 R 值均大于0.4（除6月的20～30cm土层深度外），属于显著性相关。其中，6月各土层深度的相关系数 R 为0.4左右、平均相对误差为19.83%，而其他三期数据相关系数 R 均大于0.545，平均相对误差分别为16.28%、17.18%、13.44%，可以看出6月的各土层深度的相关系数 R 比其他月份低，而平均相对误差较大。分析其原因可能与Landsat7 ETM＋数据的条带有关系，即使采用一定算法对其进行修复也存在一定的偏差。

（2）各月的相关系数 R 随着土层深度（0～10cm、0～20cm、0～30cm）的增加而呈现出整体下降趋势，而平均相对误差随着土层深度的增加而整体呈现出上升趋势，这说明能量指数法在本研究区域内更适合0～10cm深度土壤表层含水率的监测。其中4月的 R 随着土层深度（0～10cm、0～20cm、0～30cm）的增加而整体变化趋势较缓，这可能与4月处于干旱时期、各土层深度的土壤含水率相差不大有关。

（3）4月、8月、9月各土层深度（0～10cm、0～20cm、0～30cm）的相关系数 R 均大于0.545，平均相对误差依次为16.28%、17.18%、13.44%，各月之间整体并无太大明显规律，这说明能量指数法可能适合不同植被覆盖度的土壤表层含水率监测。

7.1.3 TVDI法的适用性研究

7.1.3.1 基本原理

Price等[168]研究发现植被指数和地表温度呈显著的负相关关系，土壤水分条件和植被覆盖情况变化较大时，以遥感数据反演出的植被指数和地表温度的散点图呈三角形，如图7.4所示。

在植被指数和地表温度的三角形特征空间中，可以提取到干边、湿边方程：

$$T_{smax} = a_1 + b_1 \cdot \text{NDVI} \tag{7.4}$$

$$T_{smin} = a_2 + b_2 \cdot \text{NDVI} \tag{7.5}$$

式中：T_{smax} 为干边，T_{smin} 为湿边，分别由植被指数和地表温度根据干边、湿边拟合得到；a_1、b_1、a_2、b_2 分别为干边、湿边拟合方程系数。

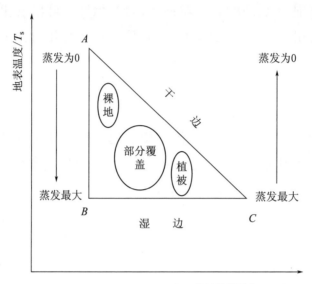

图 7.4 T_s - NDVI 特征空间

TVDI 值依靠图像数据由植被指数和地表温度计算得到：

$$\text{TVDI} = \frac{T_s - T_{smin}}{T_{smax} - T_{smin}} \tag{7.6}$$

TVDI 值的取值范围为 0～1，与土壤表层含水量成呈负相关，与干旱程度呈正相关。即 TVDI 值越大，土壤湿度越低，相对干旱程度越严重；相反，相对干旱程度越低[169]。

根据式（7.6），由 Landsat8/ETM＋数据反演 LST - NDVI 特征空间计算得到 2016 年不同时期 TVDI 特征空间，并参照干旱等级划分标准将研究区 TVDI 划分为 5 个等级：0～0.2（湿润）、0.2～0.4（正常）、0.4～0.6（轻旱）、0.6～0.8（中旱）、0.8～1.0（重旱）[170]，结果如图 7.5 所示。

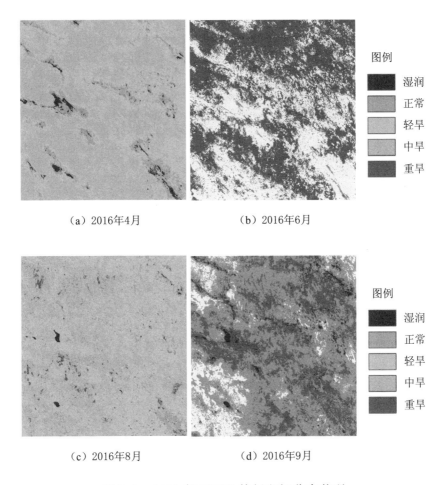

图 7.5 2016 年 TVDI 特征空间分布状况

7.1.3.2 模型的回归拟合和验证

采用 2016 年 4—10 月的 4 期各土层深度含水率数据,前后用指数 $(W = a \times e^{bQ})$、直线 $(W = a + bQ)$、对数 $(W = a + b\ln Q)$ 模型,用 SWEPDI 指数分别与 0～10cm、0～20cm、0～30cm、10～20cm、20～30cm 各土层深度的土壤含水率建立回归方程。由数理统计原理可知,构建模型的相关系数越大,则它的拟合程度越高,相对较优。综合比较各时期各不同土层深度 R 值得到不同时期、不同土层深度的最优模型,见表 7.7。

表 7.7　　　　　　　TVDI 对土壤含水率的最优模型

时间	土层深度/cm	采用模型	相关系数 R	系数项	常数项	相对误差 Δ/%
4 月	0～10	指数	0.865	−26.829	20.202	8.97
	0～20	指数	0.857	−25.077	19.503	9.89
	0～30	指数	0.846	−13.03	−2.288	10.26
	10～20	指数	0.84	−23.312	18.834	10.95
	20～30	指数	0.76	−11.58	−0.803	13.34
6 月	0～10	直线	0.689	−23.53	21.512	15.98
	0～20	直线	0.684	−24.201	22.174	16.54
	0～30	直线	0.665	−25.345	23.292	17.32
	10～20	直线	0.653	−24.879	22.819	18.03
	20～30	直线	0.589	−27.573	25.513	18.97
8 月	0～10	直线	0.792	−37.489	29.142	10.46
	0～20	直线	0.785	−4.846	91.655	11.02
	0～30	直线	0.773	−36.201	29.015	12.27
	10～20	直线	0.784	−4.392	75.675	10.92
	20～30	对数	0.77	−4.206	76.88	12.93
9 月	0～10	指数	0.707	−5.654	101.52	13.74
	0～20	指数	0.709	−34.884	26.166	13.06
	0～30	指数	0.703	−4.363	61.049	13.22
	10～20	指数	0.652	−3.998	51.236	15.94
	20～30	指数	0.661	−30.848	24.638	14.23

　　按照 4 个不同时期做出能量指数法的最优模型数统计，见表 7.8。

表 7.8　　　　　　TVDI 最优模型数统计

深度/cm	4 月			6 月			8 月			9 月		
	指数	直线	对数	指数	直线	对数	指数	直线	对数	指数	直线	对数
0～10	0	1	0	0	1	0	0	1	0	0	1	0
0～20	0	1	0	0	1	0	0	0	0	0	1	0

续表

深 度 /cm	4 月			6 月			8 月			9 月		
	指数	直线	对数	指数	直线	对数	指数	直线	对数	指数	直线	对数
0～30	0	0	1	0	1	0	0	1	0	1	0	0
10～20	0	1	0	0	1	0	1	0	0	1	0	0
20～30	0	0	1	0	1	0	1	0	0	0	1	0
合计	0	3	2	0	5	0	3	2	0	2	3	0

由表 7.7 和表 7.8 能够明显看出，TVDI 最优模型在研究区内植被生长的不同时期呈现以下规律：

（1）4 月筛选的最优模型中，直线模型的数量最多，最优模型个数为 3 个；对数模型次之，最优模型个数为 2 个；指数模型的拟合度较差，最优模型个数为 0。4 月筛选的最优模型中线性模型的拟合度较好。

（2）6 月筛选的最优模型中，直线模型的数量最多，最优模型个数为 5 个，拟合效果明显优于指数模型和对数两个模型，其他两者最优模型的个数均为 0。6 月筛选的最优模型中直线模型的拟合度较好。

（3）8 月筛选的最优模型中，指数模型的数量最多，最优模型个数为 3 个；直线模型次之，最优模型个数为 2 个，对数模型的拟合度较差，最优模型个数为 0。8 月筛选的最优模型中指数模型的拟合度较好。

（4）9 月筛选的最优模型中，直线模型的数量最多，最优模型个数为 3 个；指数模型次之，最优模型个数为 2 个；对数模型的拟合度较差，最优模型个数为 0。8 月筛选的最优模型中直线模型的拟合度较好。

整体来说，直线模型的数量最多，最优模型个数为 13 个；指数模型次之，最优模型个数为 5 个；对数模型的拟合度较差，最优模型个数为 2 个。直线模型的拟合效果要优于指数与对数两种模型，且直线模型具有简单实用、整体稳定性能较好的特点。由此确定 TVDI 的直线模型为最理想的拟合函数。

　　TVDI 法拟合值与实测值的相对误差分析见表 7.9，TVDI 最优模型在不同时期、各土层深度相关系数及相对误差的变化趋势如图 7.6 所示。

表 7.9　　　TVDI 法拟合值与实测值的相对误差分析

深　度/cm	4 月 Δ/%	6 月 Δ/%	8 月 Δ/%	9 月 Δ/%
0~10	8.97	15.98	10.46	10.85
0~20	9.89	16.54	11.02	13.06
0~30	10.26	17.32	12.27	13.22
10~20	10.95	18.03	10.92	15.94
20~30	13.34	18.97	12.93	14.23
各层平均 Δ/%	10.68	17.37	11.52	13.46

注　Δ 为平均相对误差。

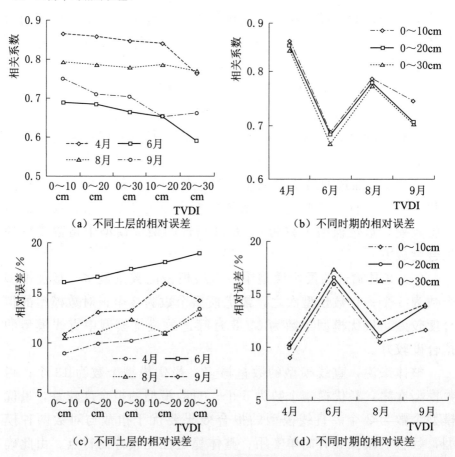

（a）不同土层的相对误差　　　　　（b）不同时期的相对误差

（c）不同土层的相对误差　　　　　（d）不同时期的相对误差

图 7.6　TVDI 最优模型在不同时期和深度的相关系数及相对误差的变化趋势

由表 7.9 与图 7.6 可以得出以下结论：

（1）在筛选出的最优模型中，不同时期的每个土层深度（0～10cm、0～20cm、0～30cm）的相关系数 R 值均大于 0.59，属于显著性相关。其中，6 月的各土层深度的相关系数 R 为 0.65 左右；平均相对误差为 17.37%，而其他三期数据相关系数 R 均大于 0.70，平均相对误差分别为 10.68%、11.52%、13.46%，可以看出 6 月的各土层深度的相关系数 R 仍比其他月份低，而平均相对误差随着土层深度的增加而整体呈现出逐渐上升趋势。分析其原因可能与 ETM＋数据的条带有关系，即使采用一定算法对其进行修复也存在一定的偏差。

（2）各月的相关系数 R 随着土层深度（0～10cm、0～20cm、0～30cm）的增加而呈现出整体降低趋势，而平均相对误差随着土层深度（0～10cm、0～20cm、0～30cm）的增加而整体呈现出上升趋势，但各土层间变化较缓。各月的相关系数 R 随土层深度（0～10cm、0～20cm、0～30cm）的增加而呈现出整体降低趋势，而平均相对误差随着土层深度（0～10cm、0～20cm、0～30cm）的增加而整体呈现出上升趋势，由此可以认为 TVDI 法在本研究区域内更适合 0～10cm 深度土壤表层含水率的监测。

（3）4 月、8 月、9 月各土层深度（0～10cm、0～20cm、0～30cm）的相关系数 R 均大于 0.709，属于高度相关性。然而各月之间整体无太大明显规律，这说明 TVDI 在本研究区内可以适合不同时期植被覆盖度的土壤表层含水率监测。

7.2　干旱指数适用性的比较与分析

进一步分析比较三种干旱指数的特点与适用性，得到不同时期和土层深度（0～10cm、0～20cm、0～30cm）的相关系数和相对误差变化趋势，如图 7.7 和表 7.10 所示。

由图 7.7 和表 7.10 可知：

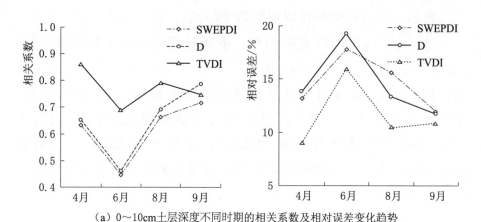

（a）0～10cm土层深度不同时期的相关系数及相对误差变化趋势

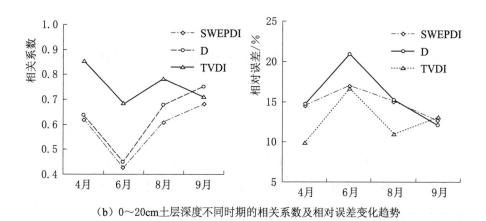

（b）0～20cm土层深度不同时期的相关系数及相对误差变化趋势

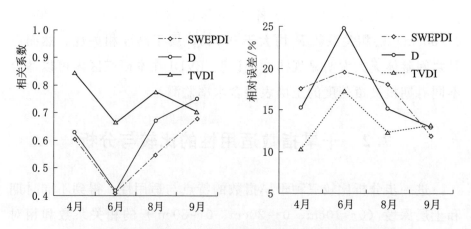

（c）0～30cm土层深度不同时期的相关系数及相对误差变化趋势

图 7.7　不同时期和土层深度的相关系数及相对误差变化趋势

表 7.10   3 种方法的误差比较分析

方 法	深 度	4 月 Δ/%	6 月 Δ/%	8 月 Δ/%	9 月 Δ/%	各期平均 Δ/%
SWEPDI	0～10cm	13.12	17.77	15.65	10.95	14.37
	0～20cm	14.51	16.94	14.94	12.58	14.74
	0～30cm	17.45	19.56	18.12	11.76	16.72
	各层平均 Δ/%	15.03	18.09	16.24	11.76	15.28
能量指数法	0～10cm	13.84	19.28	13.34	11.71	14.54
	0～20cm	14.71	20.94	15.21	12.03	16.95
	0～30cm	15.17	24.80	15.11	12.87	16.99
	各层平均 Δ/%	14.57	21.67	14.55	12.29	16.16
TVDI	0～10cm	8.97	15.98	10.46	10.85	11.57
	0～20cm	9.89	16.54	11.02	12.06	12.38
	0～30cm	10.26	17.32	12.27	13.22	13.27
	各层平均 Δ/%	9.71	16.61	11.25	12.04	12.40

注 Δ 为平均相对误差。

（1）4 月，TVDI 方法在 0～10cm、0～20cm、0～30cm 各土层深度所构建模型的相关系数 R 均大于能量指数和 SWEPDI 方法。同时，TVDI 方法在 0～10cm、0～20cm、0～30cm 土层深度的平均相对误差分别为 8.97%、9.89%、10.26%，各土层平均相对误差 9.71%；能量指数法在 0～10cm、0～20cm、0～30cm 土层深度的平均相对误差分别为 13.84%、14.71%、15.17%，各土层平均相对误差 14.57%；SWEPDI 法在 0～10cm、0～20cm、0～30cm 土层深度的平均相对误差分别为 13.12%、14.51%、17.45%，各土层平均相对误差 15.03%。由此可得，TVDI 方法在各土层的土壤含水率平均相对误差小于 SWEPDI 法与能量指数法，并且均在 10%左右，拟合效果较好。而 SWEPDI 法与能量指数法监测效果则相对较差。

（2）6 月，TVDI 方法在各土层深度所构建模型的相关系数 R 均大于能量指数和 SWEPDI 方法。同时，TVDI 方法在 0～10cm、0～20cm、0～30cm 土层深度的平均相对误差分别为 15.98％、16.54％、17.32％，各土层平均相对误差为 16.61％；SWEPDI 法在 0～10cm、0～20cm、0～30cm 土层深度的平均相对误差分别为 17.77％、16.94％、19.56％，各土层平均相对误差为 18.08％；能量指数法在 0～10cm、0～20cm、0～30cm 土层深度的平均相对误差分别为 19.28％、20.94％、24.80％，各土层平均相对误差为 21.67％；由此可得，TVDI 方法在各土层的土壤含水率平均相对误差均小于 SWEPDI 法与能量指数法，且各土层平均相对误差为 16.61％，基本满足遥感反演精度要求。但与 4 月相比较差，可能与 ETM＋数据的条带有关系，即使采用一定算法对其进行修复也存在一定的偏差。

（3）8 月，TVDI 方法在各土层深度所构建模型的 R 值均比能量指数和 SWEPDI 方法的 R 值稍大。同时，TVDI 方法在 0～10cm、0～20cm、0～30cm 土层深度的平均相对误差分别为 10.46％、11.02％、12.27％，各土层平均相对误差为 11.25％；SWEPDI 法在 0～10cm、0～20cm、0～30cm 土层深度的平均相对误差分别为 15.65％、14.94％、18.12％，各土层平均相对误差为 16.24％；能量指数法在 0～10cm、0～20cm、0～30cm 土层深度的平均相对误差分别为 13.34％、15.21％、15.11％，各土层平均相对误差为 14.55％。由此可得，TVDI 方法在各土层的土壤含水率的平均相对误差均小于 SWEPDI 法与能量指数法，且各土层平均相对误差为 11.25％，可以满足遥感反演精度要求。

（4）9 月，能量指数法在各层深度所构建模型的 R 值均比 TVDI 和 SWEPDI 方法的 R 值稍大。但 TVDI 方法在 0～10cm、0～20cm、0～30cm 土层深度的平均相对误差分别为 11.57％、12.38％、13.27％，各土层平均相对误差为 12.40％；SWEPDI 法在 0～10cm、0～20cm、0～30cm 土层深度的平均相对误差分别为 14.37%、14.74%、16.72%，各土层平均相对误差为 15.28%；能量指数法在 0～10cm、0～20cm、0～30cm 土层深度的平均相对误差分别为 14.54%、16.95%、16.99%，各土层平均相对误差为 16.16%。由此可得，TVDI 方法在各层的土壤含水率的平均相对误差均小于 SWEPDI 和能量指数方法，且各土层平均相对误差为 12.40%，反演精度随着土层深度的增加而降低，但可以满足遥感反演精度的要求。

综上所述，SWEPDI 法与能量指数法进行土壤含水率监测的效果随着时间的变化而起伏较大，TVDI 法监测土壤含水率效果的稳定性相对较好一些。同时，TVDI 法监测土壤含水率精度要优于 SWEPDI 法与能量指数法，而能量指数法又稍微优于 SWEPDI 法。SWEPDI 法、能量指数法及 TVDI 法 3 种模型的相关系数 R 随着土层深度（0～10cm、0～20cm、0～30cm）的增加而呈现出整体降低趋势，而平均相对误差随着土层深度的增加而呈现出整体缓慢上升趋势，说明 0～10cm 土层深度的土壤含水率监测精度比 0～20cm、0～30cm 土层深度的土壤含水率监测精度高，但相差不太大。张军红[171]进行毛乌素沙地土壤水分分布研究时，发现绝大部分沙丘植被主要利用 0～40cm 土层深度的土壤水分。王翔宇等[172]在研究沙地土壤水分特征及其时空变化分析时，发现 20～80cm 土层深度的土壤水分活跃层与植被根系活动密切相关。同时，综合考虑到遥感卫星探测深度以及野外实际土层采样，所以本书选择 TVDI 法进行 0～30cm 土层深度土壤表层含水率的监测。

图 7.8～图 7.11 表示不同时期的 0～10cm、0～20cm、0～30cm 各土层土壤含水率与 TVDI 的线性回归散点图。由此可以看出，TVDI 指数与各阶段土壤含水率的线性相关性都较好，且具有较好的稳定性能。

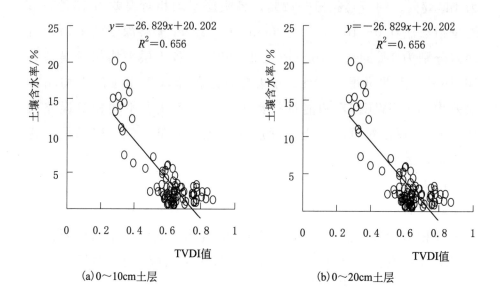

(a) 0～10cm土层　　　　　　　　　(b) 0～20cm土层

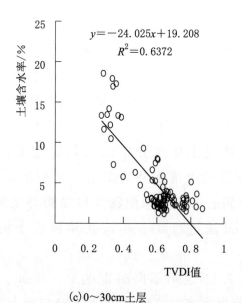

(c) 0～30cm土层

图 7.8　2016 年 4 月 Landsat8 反演各土层土壤含水率与
TVDI 的线性回归散点图

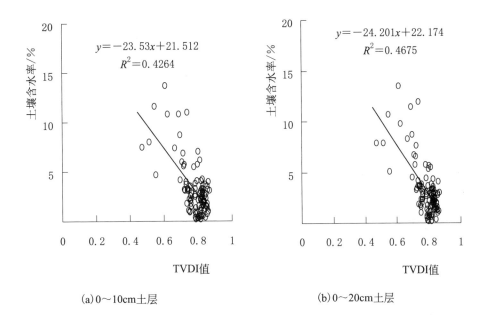

(a) 0～10cm土层   (b) 0～20cm土层

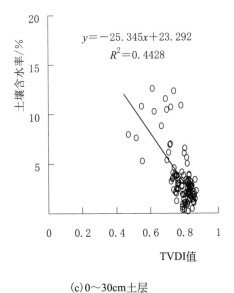

(c) 0～30cm土层

图 7.9　2016 年 6 月 ETM＋反演各土层土壤含水率与
TVDI 的线性回归散点图

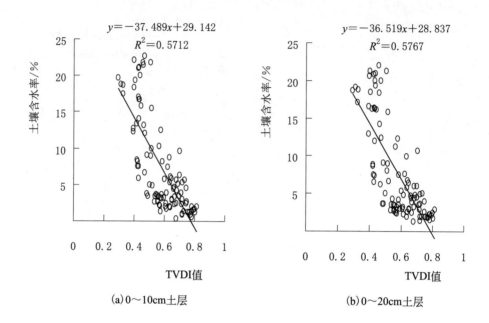

(a) 0～10cm 土层

(b) 0～20cm 土层

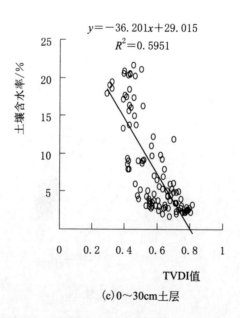

(c) 0～30cm 土层

图 7.10　2016 年 8 月 Landsat8 反演各土层土壤含水率与
TVDI 的线性回归散点图

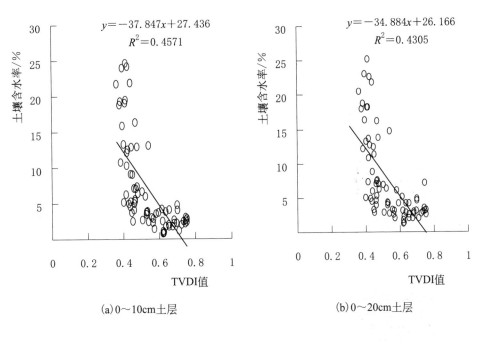

(a)0~10cm土层　　　　　　　(b)0~20cm土层

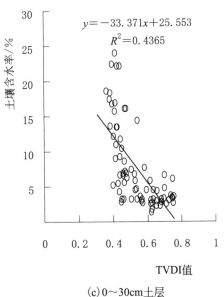

(c)0~30cm土层

图 7.11　2016 年 9 月 Landsat8 反演各土层土壤含水率与
TVDI 的线性回归散点图

由 2016 年回归方程与 Landsat8/ETM＋反演计算，可以获得对应时间内的 0～30cm 土层土壤的相对含水率空间分布，如图 7.12所示。

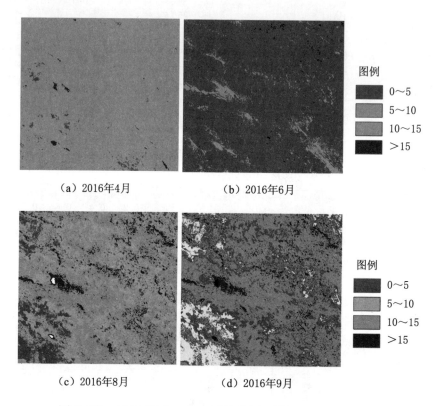

　　（a）2016年4月　　　　　　　（b）2016年6月

图例

- 0～5
- 5～10
- 10～15
- ＞15

　　（c）2016年8月　　　　　　　（d）2016年9月

图例

- 0～5
- 5～10
- 10～15
- ＞15

图 7.12　2016 年 Landsat8/ETM＋反演 0～30cm 土层
土壤含水率空间分布情况

7.3　小　　结

　　本章介绍了 SWEPDI 指数法、能量指数法、TVDI 指数法的基本原理，并利用 Landsat8/ETM＋数据，结合乌审旗 2016 年土壤相对含水率实测数据，就 SWEPDI 指数法、能量指数法、TVDI 指数法在乌审旗区域干旱状况遥感监测中的适用性进行比较研究。结果表明：SWEPDI 法与能量指数法进行土壤含水率监测的效果随着时间的变化而起伏较大，TVDI 法监测土壤含水率效果的稳定性相对较好。直线模型的拟合效果要优于指数与对数两种模型，且直线模型具有简单实用、整体稳定性能较好的特点。由此来确定 TVDI 的直线模型为本书选择的拟合函数。各遥感反演相对含水率的拟合程度随着土层深度（0～10cm、0～20cm、0～30cm）的增加而呈现出整体降低趋势，而平均相对误差随着土层深度的增加而呈现出整体缓慢上升趋势，说明 0～10cm 土层深度的土壤含水率监测精度比 0～20cm、0～30cm 土层深度的土壤含水率监测精度高，但相差不大。同时，考虑到遥感卫星探测深度、野外实际土层采样以及土壤水分特征和沙丘植被土壤水分利用特点等因素，确定0～30cm土层深度作为最佳遥感监测深度。

第8章 基于多尺度遥感数据监测土壤含水率

4—10月为乌审旗区域农牧作物生长的主要阶段。该时段内，各类型作物的植被覆盖情况会随着作物生长阶段的不同而发生变化。为了分析模型的可靠性与稳定性，采用 TVDI 指数分别按照不同时期、不同土层深度对 2014 年 5 月—2016 年 10 月野外实测土壤含水率数据进行土壤含水率反演模型回归分析并验证。本章研究时依据前文推出的结论，综合拟合效果、简单实用性、整体稳定性等因素而选择直线模型（$W = a \times \mathrm{TVDI} + b$）对土壤含水率数据进行回归分析。

8.1 MODIS 监测土壤含水率

利用 2014 年 5 月—2016 年 10 月 MODIS 反演的 TVDI 分别与其对应时相的 0～10cm、0～20cm、0～30cm 土层深度的土壤含水率进行线性回归分析，结果如图 8.1～图 8.11 所示。

（1）2014—2016 年 MODIS 反演 TVDI 与各土层深度（0～10cm、0～20cm、0～30cm）的土壤含水率呈现出一定的线性负相关，且由于研究区土壤含水率整体较低，散点分布在含水率的低值附近。

（2）相关系数 R 为 0.4～0.7，属于中高度相关。2014 年 5 月—2016 年 10 月之间整体无太大明显规律，这说明 TVDI 在本研究区内可以适合不同时期植被覆盖度的土壤表层含水率监测。

（3）各月份的相关系数 R 随着土层深度（0～10cm、0～20cm、0～30cm）的增加，呈现出的整体变化趋势并不明显。绝大部分沙

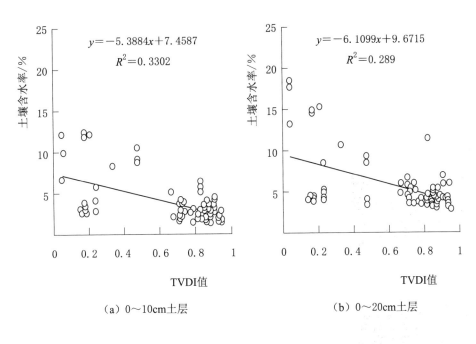

（a）0～10cm土层　　　　（b）0～20cm土层

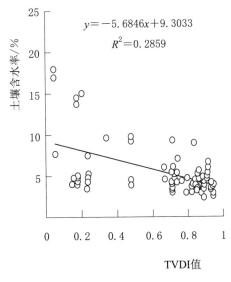

（c）0～30cm土层

图 8.1　2014 年 5 月 MODIS 反演 TVDI 与
各土层土壤含水率的线性回归分析

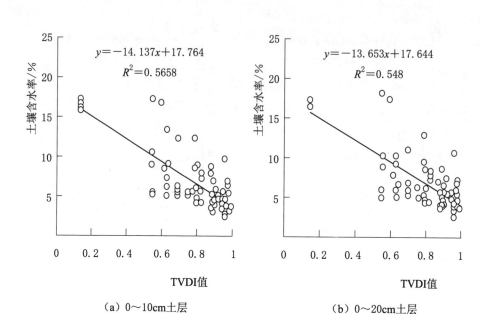

（a）0～10cm土层　　　　　　　（b）0～20cm土层

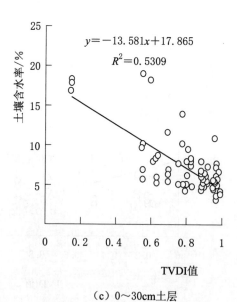

（c）0～30cm土层

图 8.2　2014 年 9 月 MODIS 反演 TVDI 与
各土层土壤含水率的线性回归分析

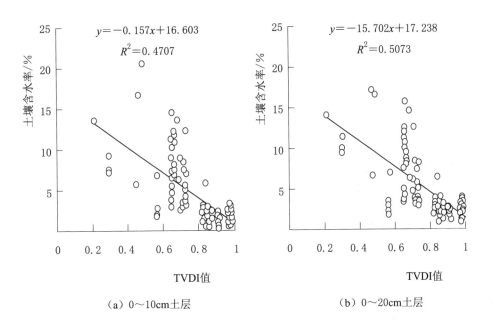

（a）0～10cm土层　　　　　　　　（b）0～20cm土层

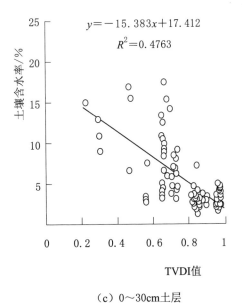

（c）0～30cm土层

图 8.3　2015 年 4 月 MODIS 反演 TVDI 与

各土层土壤含水率的线性回归分析

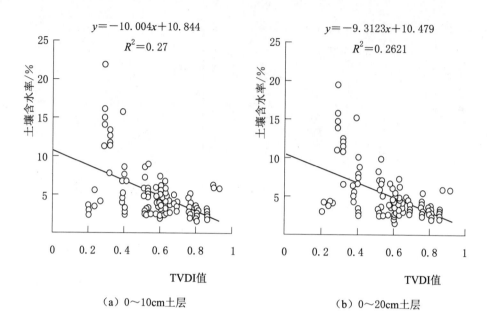

（a）0～10cm土层　　　　　　　　　　（b）0～20cm土层

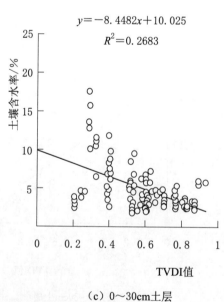

（c）0～30cm土层

图 8.4　2015 年 9 月 MODIS 反演 TVDI 与
各土层土壤含水率的线性回归分析

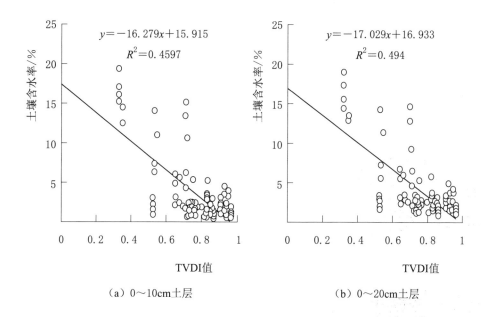

（a）0～10cm土层　　　　　　　　（b）0～20cm土层

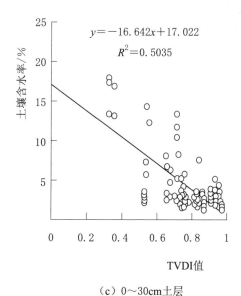

（c）0～30cm土层

图 8.5　2016 年 4 月 MODIS 反演 TVDI 与
各土层土壤含水率的线性回归分析

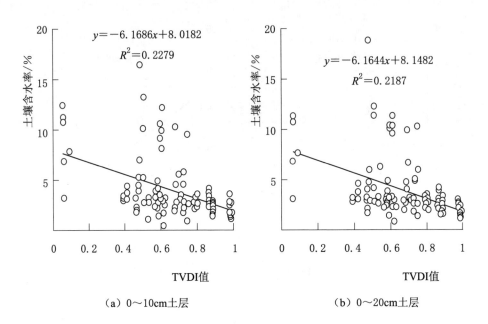

（a）0~10cm土层 　　　　　　　（b）0~20cm土层

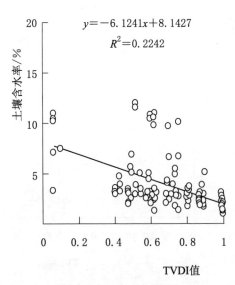

（c）0~30cm土层

图 8.6　2016 年 5 月 MODIS 反演 TVDI 与

各土层土壤含水率的线性回归分析

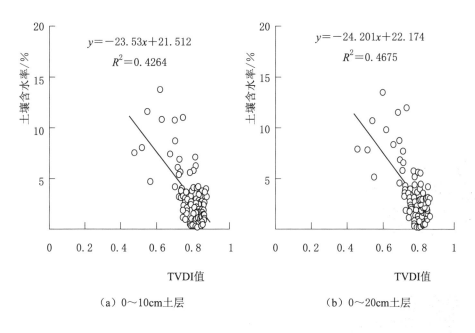

（a）0～10cm土层　　　　　　　（b）0～20cm土层

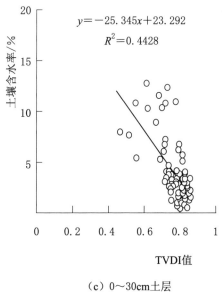

（c）0～30cm土层

图 8.7　2016 年 6 月 MODIS 反演 TVDI 与
各土层土壤含水率的线性回归分析

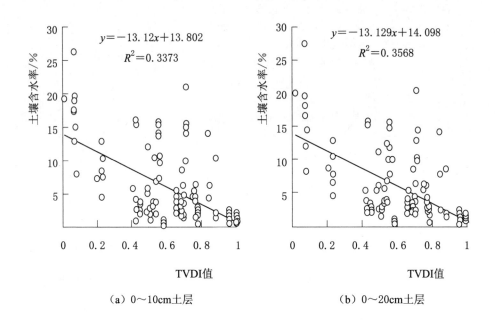

（a）0～10cm土层　　　　　　（b）0～20cm土层

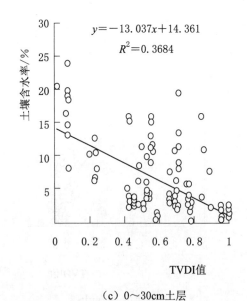

（c）0～30cm土层

图 8.8　2016 年 7 月 MODIS 反演 TVDI 与
各土层土壤含水率的线性回归分析

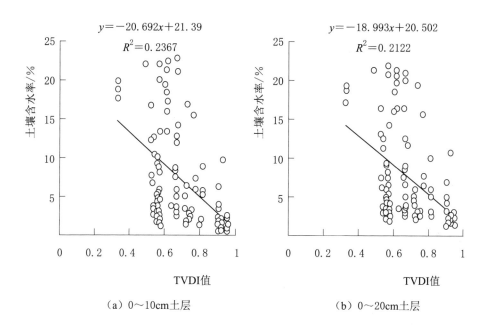

（a）0～10cm土层 （b）0～20cm土层

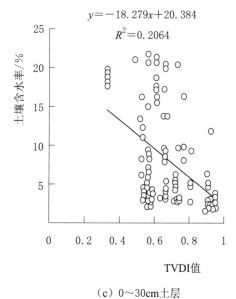

（c）0～30cm土层

图 8.9 2016 年 8 月 MODIS 反演 TVDI 与
各土层土壤含水率的线性回归分析

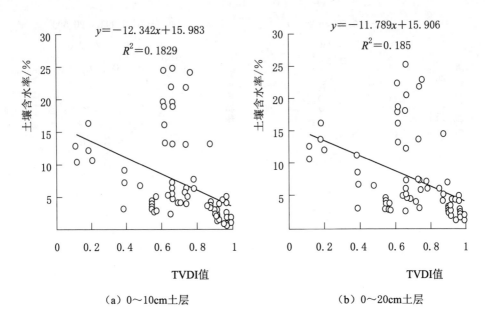

（a）0~10cm土层　　　　　　　　　　（b）0~20cm土层

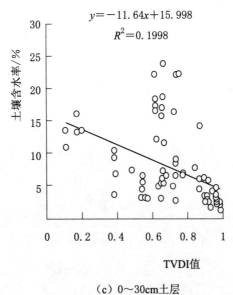

（c）0~30cm土层

图 8.10　2016 年 9 月 MODIS 反演 TVDI 与
各土层土壤含水率的线性回归分析

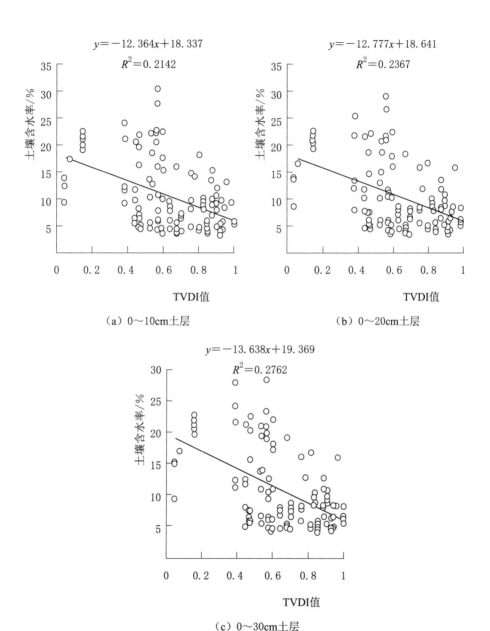

（a）0～10cm土层　　　　　　　　（b）0～20cm土层

（c）0～30cm土层

图 8.11　2016 年 10 月 MODIS 反演 TVDI 与
各土层土壤含水率的线性回归分析

丘植被主要利用 0～40cm 土层深度的土壤水分，20～80cm 深度处的土壤水分活跃层与植被根系活动密切相关。同时，综合考虑到遥感卫星探测深度以及野外实际土层采样，本书选择 TVDI 法进行 0～30cm 土层深度含水率的监测，这与 Landsat8/ETM＋反演 TVDI 监测 0～30cm 土层深度含水率结论大致相同。

为了与 Landsat8/ETM＋反演 LST－NDVI 特征空间以及 0～30cm 深度土壤含水率空间分布情况进行对比分析，由 MODIS 数据反演 LST－NDVI 特征空间计算得到 2016 年不同时期 TVDI 特征空间，并参照干旱等级划分标准将研究区 TVDI 划分为 5 个等级，结果如图 8.12 所示。

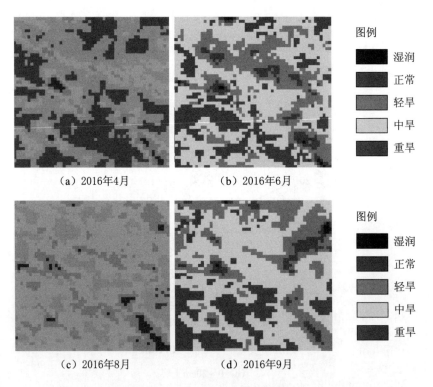

图 8.12　2016 年 MODIS 反演 TVDI 特征空间分布状况

由 2016 年 MODIS 反演 TVDI 进行运算，可以获得对应时间内 0～30cm 土层深度相对含水率的空间分布状况，如图 8.13 所示。

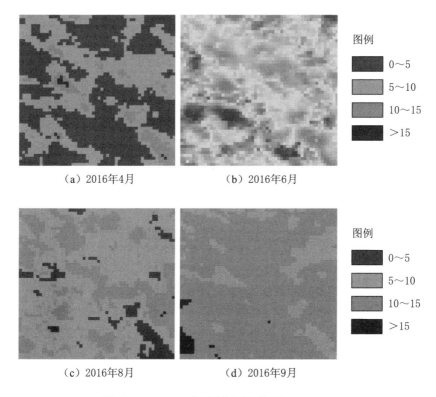

图 8.13　2016 年 MODIS 监测 0～30cm
深度土壤含水率的空间分布状况

8.2　Landsat8/ETM＋与 MODIS 结果的比较

　　将 2016 年 4—10 月时间段内 Landsat8/ETM＋反演 TVDI 和 0～30cm 土层深度含水率空间分布结果图与 MODIS 反演 TVDI 和 0～30cm 土层深度含水率空间分布结果图进行对比分析，Landsat8/ETM＋与 MODIS 反演的 TVDI 空间分布情况具有较好一致性，部分区域存在一定的偏差，但基本相差一个等级。同样，除部分区域相差一个等级外，Landsat8/ETM＋与 MODIS 监测 0～30cm 土层深度含水率的空间分布状况具有较强的一致性，说明 TVDI 指数在本区域含水率研究中具有极好的稳定性与可利用性，反演方法可行。MODIS 在研究区过境的时间比 Landsat8/ETM＋要晚，并且分辨率为

1km 的 MODIS 数据与分辨率为 30m 的 Landsat8/ETM＋数据相比受下垫面影响更大而混合像元更显著，采用同一天内的 Landsat8/ETM＋与 MODIS 数据分别对研究区 TVDI 与 0～30cm 土层深度含水率空间分布情况进行研究时，部分区域会存在一定的偏差。

　　为了进一步比较 Landsat8/ETM＋与 MODIS 数据监测 0～30cm 土层深度含水率的差异，分别对二者监测 0～30cm 土层深度含水率的精度进行定量比较。2016 年各时期 Landsat8/ETM＋与 MODIS 数据监测 0～30cm 土层深度含水率相关系数与平均相对误差如图 8.14 所示。

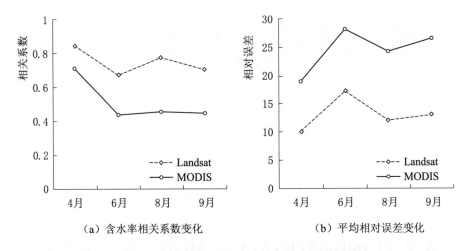

（a）含水率相关系数变化　　　　（b）平均相对误差变化

图 8.14　0～30cm 土层深度含水率相关系数与
平均相对误差变化比较

　　由图 8.14 可以看出，不同时间的 Landsat8/ETM＋数据监测 0～30cm 土层深度含水率相关系数 R 为 0.6～0.9，并且平均相对误差 Δ 小于 MODIS 数据，这说明 Landsat8/ETM＋数据监测 0～30cm 土层深度含水率的精度高于 MODIS 数据监测的精度。Landsat8/ETM＋数据空间分辨率较高，土壤含水率平均相对误差较小，整体分布也更接近于研究区的实际情况；而 MODIS 数据空间分辨率较低，受混合像元影响较大，导致土壤含水率平均相对误差较大，整体分布与研究区实际情况大致相似，部分区域存在偏差较大。

整体来看，除个别低洼部分受 8 月降雨影响干旱状况变化较大之外，MODIS 和 Landsat8/ETM＋数据反演的 TVDI 监测研究区内 0～30cm 土层深度含水率的结果可以较好地反映研究区的干旱状况，与实测土壤含水率对比，其平均相对误差分别为 13％与 24％。TVDI 监测 0～30cm 土层深度含水率精度较高，该模型在本研究区域内具有较好的适应性与稳定性。

8.3 尺度效应与多尺度遥感模型

利用遥感技术进行地表能量与水分研究时，所使用的热红外数据的空间分辨率至少为 250～500m[173]。Landsat 数据的热红外波段的空间分辨率为 60m 和 120m，而 MODIS 数据的热红外波段的空间分辨率为 1km，故 Landsat 数据受到混合像元的影响更小。但 Landsat 影像数据获取周期为 16d，在遇到不好的天气时周期甚至会更长，相比周期为 1d 的 MODIS 影像数据，在实际研究应用中有较大的限制。针对遥感数据的混合像元影响，部分国内外学者采用面积权重法[174]、热红外空间增强法[175-176]、空间增强法[177-178]。本书采用吴炳方等[179]提出的空间尺度推演方法对研究区 TVDI 进行空间尺度转换，把两者的时空分辨率优势结合起来获得较高时间及空间分辨率的 TVDI，在拓展 Landsat 和 MODIS 影像数据的应用范围以及提高遥感数据利用率等方面有着极其重要的意义。

8.3.1 模型构建与实现

（1）由 MODIS 影像反演的 $TVDI_{MODIS}$ 推演 Landsat8/ETM＋影像反演的 $TVDI_{Landsat}$ 时，先找到与 Landsat8/ETM＋影像获取时间邻近的两景分辨率为 1km 的 MODIS 数据反演的 $TVDI_{MODIS1}$ 与 $TVDI_{MODIS2}$ 数据，然后取二者的平均值 $\overline{TVDI}_{MODIS1km}$，并将其重采样为 30m 分辨率的 $\overline{TVDI}_{MODIS30m}$。

（2）先把 Landsat8/ETM＋影像所代表时间内 MODIS 数据反

演的 1km 分辨率的 TVDI 图像数据重采样为 30m，再把 Landsat8/ETM＋数据获取时间最接近的两时相 MODIS 数据反演的 1km 分辨率 TVDI 平均值图像数据重采样为 30m。

（3）将 Landsat8/ETM＋数据反演的分辨率为 30m 的 TVDI 与其邻近的两景不同 MODIS 数据反演的分辨率为 1km 的 TVDI 图像数据平均值进行数据融合，建立二者的函数关系式，便可得到与其时间相对应的空间分辨率为 30m 系数图像。

（4）将该时段内重采样 30m 的 MODIS 数据反演的其他 TVDI 乘以该系数图像，便可以获得由 MODIS 数据反演的 30m 分辨率 TVDI 数据，公式如下：

$$TVDI = \frac{TVDI_{Landsat30m}}{\overline{TVDI}_{MODIS30m}} \times TVDI_{MODIS30m} \tag{8.1}$$

式中：$TVDI_{Landsat30m}$ 为由 Landsat8/ETM＋数据反演的 30m 分辨率 TVDI；$\overline{TVDI}_{MODIS30m}$ 为与 Landsat8/ETM＋影像获取时间邻近的两景分辨率为 1km 的 MODIS 数据反演的 $TVDI_{MODIS1}$ 与 $TVDI_{MODIS2}$ 数据平均值重采样为 30m；$TVDI_{MODIS30m}$ 为 Landsat8/ETM＋影像所代表时间内 MODIS 数据反演的重采样为 30m 分辨率 TVDI 图像数据。

根据上述多尺度遥感模型的空间分辨率转换流程，便可以由 MODIS 影像反演的 $TVDI_{MODIS}$ 推演 Landsat8/ETM＋影像反演的 $TVDI_{Landsat}$，最终通过 MODIS 数据获取较为准确的 30m 分辨率 TVDI 数据。多尺度遥感模型的空间分辨率转换流程如图 8.15 所示。

8.3.2　精度验证和误差分析

多尺度模型监测含水率、MODIS 监测含水率分别与相同时间、相同位置的 40 个野外实测土壤含水率进行精度验证并取平均值。对比结果如图 8.16 所示。

空间尺度转换后的 30m 分辨率的 $TVDI_{1km}$ 与对应时相 0～30cm 土层深度的野外实测含水率线性回归分析得到的相关系数分别为 0.627、0.684、0.710、0.693、0.789、0.526、0.495、

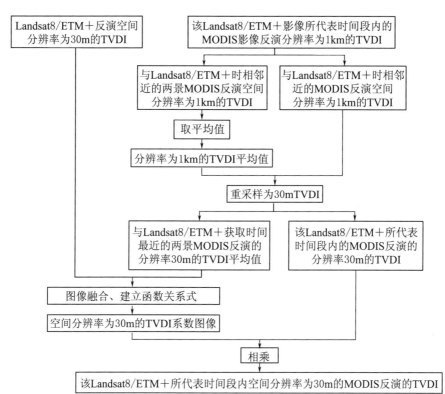

图 8.15　多尺度遥感模型的空间分辨率转换流程

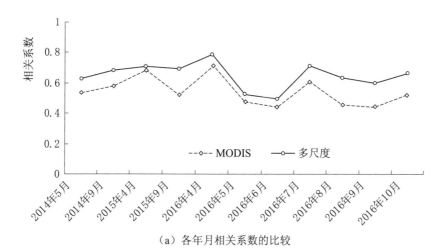

（a）各年月相关系数的比较

图 8.16（一）　多尺度模型数据与 MODIS 监测 0～30cm

土层深度含水率对比图

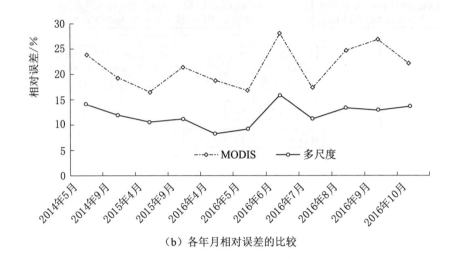

（b）各年月相对误差的比较

图 8.16（二）　多尺度模型数据与 MODIS 监测 0～30cm
土层深度含水率对比图

0.715、0.632、0.597、0.665；单一 MODIS 反演的 TVDI 与对应
时相 0～30cm 土层深度的野外实测含水率线性回归分析得到的相关
系数分别为 0.535、0.573、0.690、0.518、0.710、0.473、0.438、
0.607、0.454、0.447、0.526，空间尺度转换后的 $TVDI_{1km}$ 与野外
实测含水率相关性优于单一 MODIS 反演的 TVDI。$TVDI_{1km}$ 模型监
测 0～30cm 含水率的相对误差分别为 14.02%、11.94%、
10.51%、11.23%、8.34%、9.24%、15.86%、11.22%、
13.28%、12.91%、13.63%，平均相对误差为 12.02%；单一
MODIS 反演的 TVDI 监测 0～30cm 含水率的相对误差分别为
24.02%、19.26%、16.45%、21.36%、18.69%、16.83%、
28.23%、17.26%、24.58%、26.74%、22.01%，平均相对误差
为 21.40%。由此可知，空间尺度转换后的 30m 分辨率的 $TVDI_{1km}$
监测 0～30cm 含水率精度高于单一 MODIS 反演的 1km 分辨率
TVDI。

　　单一 MODIS 反演的 1km 分辨率 TVDI 监测研究区域中 0～30cm
含水率误差极大值一般大部分集中于土地利用/覆盖类型复杂、反

差较大的边界及过渡区域，这些区域在单一 MODIS 反演的 1km 分辨率 TVDI 中被忽略或者被夸大，混合像元产生的空间尺度效应极为明显，最终导致遥感技术在监测区域土壤含水率的精度有所降低。而本书使用的多尺度遥感模型结合 Landsat8/ETM＋反演的 30m 空间分辨率 $TVDI_{Landsat}$ 对 MODIS 反演的 1km 空间分辨率 $TVDI_{MODIS}$ 进行空间尺度推演，将两者优势有效结合在一起，使得 MODIS 反演的 TVDI 空间分辨率有所提高（图 8.17），尺度效应有所改善。同时，多尺度模型使得 MODIS 数据在监测 0～30cm 土层深度含水率精度有所提高。通过利用 MODIS 多时相及 Landsat 较高分辨率优势结合的时空尺度推演模型，实现高频率的区域土壤干

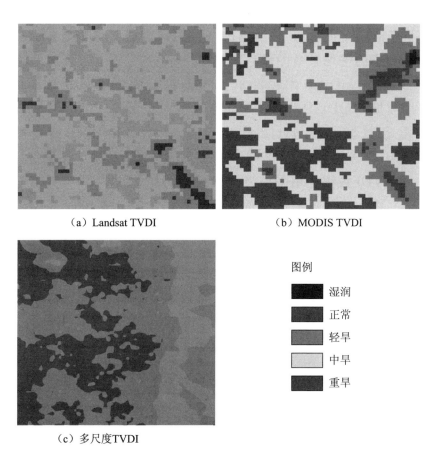

图 8.17　遥感反演 TVDI 结果比较

旱状况动态监测。

8.3.3　TVDI 的时间序列推演

研究区范围较大且气象站点少，获取时间连续的土壤含水率数据比较困难，这便给研究区的 TVDI 月合成数据验证带来了不便。现利用不同时空分辨率的 MODIS 产品数据及与其对应时间内的 Landsat8/ETM＋数据构建多尺度模型，经过时空尺度推演方法获取 2016 年 4—10 月的 TVDI 月合成数据，并对其在旱情监测方面的应用进行分析。下面以获取 2016 年 4 月的 TVDI 月合成数据为例：

（1）为了降低某一期系数图像存在偶然误差的影响，现将多尺度模型推演的 4 期 30m 分辨率的系数图像进行平均值计算，得到 30m 分辨率的平均系数图像。

（2）通过 matlab 编程将 2 个时相 8d 合成分辨率为 1km 的地表温度数据 MOD11A2 合成为 1 个时相 16d 合成分辨率为 1km 的地表温度数据，并与 16d 合成分辨率为 1km 的植被指数数据 MOD13A2 构建 LST－EVI 空间，计算获得 16d 合成分辨率为 1km 的 TVDI 数据并重采样为 30m。

（3）将上述获得的两组数据进行乘法运算，便可获取 30m 分辨率的 16d 合成的 TVDI 数据，matlab 编程将 2 个时相 16d 合成的 TVDI 数据合成为 1 个时相 32d 合成的 TVDI 数据，便获得了4月的 TVDI 月合成数据。

同理，对于其他月份的 TVDI 月合成数据可用上述方法获得，并参照干旱等级划分标准将研究区 TVDI 划分为 5 个等级。利用 ENVI 与 Arcgis 软件便可以获得干旱状况统计，见表 8.1。

表 8.1　　　　研究区 2016 年 4—10 月干旱状况统计　　　　单位：hm^2

时间	湿润	正常	轻旱	中旱	重旱
2016 年 4 月	16406.55	72535.59	282954.51	753100.11	28082.79
2016 年 5 月	17013.42	62942.67	380621.07	648708.93	43317.81
2016 年 6 月	17132.04	27479.43	305024.22	758537.55	44746.83

续表

时间	湿润	正常	轻旱	中旱	重旱
2016 年 7 月	18264.06	258944.85	599636.97	263577.33	12911.13
2016 年 8 月	18141.48	405840.51	557100.63	143248.41	19705.05
2016 年 9 月	20716.83	70515.99	398307.33	635714.46	27712.62
2016 年 10 月	19879.74	42284.7	324677.34	719810.91	46262.52

分析表 8.1 可知，内蒙古乌审旗在 4 月、5 月相对其他时间段干旱状况较为严重，此时该区域农牧作物处于刚刚种植或生长初期，作物对土壤水分的需求较强但降水稀少而导致土壤含水率较低，监测旱情状况与实际状况相符。6 月干旱面积逐渐扩大，而研究区的农牧作物处于生长拔节时对水分需求更为强烈，并且此时蒸散发随着气温的增加亦有所增加，使土壤水分更为匮乏，导致干旱状况更加恶化。7 月、8 月为该区域降雨旺季，长时间的强降水使得土壤水分急剧增加，干旱面积迅速减少，土壤湿润和正常面积达到最高值。9 月、10 月降水量减少，并伴随着水热状况及农作物、天然植被的生理变化，土壤含水率逐渐减少，研究区干旱面积又逐渐增加。这说明多源遥感数据结合时空推演方法反演 TVDI 监测乌审旗旱情时空分布状况与实际极为相符，此方法对于进一步服务该区域农牧业生产具有极为重要的意义。

8.4 基于 TVDI 与 DDI 的二元回归干旱监测模型的探讨

乌审旗地处毛乌素沙漠腹部，为草原气候条件下的沙地。区内水资源短缺，气候干燥，降水少，蒸发能力强，生态环境相对脆弱，草原有着不同程度的退化，包括草原沙化、盐渍化和覆盖程度低等。荒漠化程度加剧，地表覆盖程度下降，地表能量与水分平衡发生变化，最终可以引起土壤水分下降。如果能将荒漠化差值指数 DDI 与 TVDI 结合监测研究区 0～30cm 土层土壤含水率，或许可以弥补 TVDI 监测土壤含水率过程中的不足，提高监测含水率的精度。为此，本书尝试着将荒漠化差值指数 DDI 与 TVDI 结合起来监测 0～30cm 土层深度含水率，并对其监测精度进行探讨。因此，运用 2016 年 4—10 月不同时相的由 Landsat8/ETM＋反演的 TVDI 结合 DDI 数据对不同时间的 0～30cm 土层深度含水率建立对应二元监测模型，并利用实测 0～30cm 土层土壤含水率验证。最后将二元监测模型与 TVDI 模型监测精度进行对比分析，结果见表 8.2 和表 8.3。

表 8.2　　　二元监测模型对 0～30cm 土层深度含水率的拟合效果

时间	土层深度/cm	样本数 n	相关系数 R	系数项 a	系数项 b	常数项	相对误差 Δ/%
4 月	0～30	80	0.842	−23.991	0.516	19.083	10.26
6 月	0～30	80	0.713	−25.531	−0.489	23.467	14.52
8 月	0～30	80	0.836	−31.466	0.892	25.573	9.93
9 月	0～30	80	0.734	−36.497	−1.977	27.581	11.64

表 8.3　　　TVDI 模型对 0～30cm 土层深度含水率的拟合效果

时间	土层深度/cm	样本数 n	采用模型	相关系数 R	系数项	常数项	相对误差 Δ/%
4 月	0～30	80	一元线性	0.797	−24.025	19.208	12.93
6 月	0～30	80	一元线性	0.665	−25.345	23.292	17.32
8 月	0～30	80	一元线性	0.773	−36.201	29.015	12.07
9 月	0～30	80	一元线性	0.661	−33.371	25.553	14.35

由表 8.3 可知，2016 年 4 个不同时相的二元监测模型中相关系数分别为 0.842、0.713、0.836、0.734，均属于高度相关。单独利用 TVDI 监测含水率的相关系数分别为 0.797、0.665、0.773、0.661，属于中高度相关。4 个不同时相二元监测模型相对误差分别为 10.26%、14.52%、9.93%、11.64%，平均相对误差为 11.59%。TVDI 监测模型相对误差分别为 12.93%、17.32%、12.07%、14.35%，平均相对误差为 14.17%。由此

可以看出，TVDI 结合 DDI 数据与 0～30cm 土层深度土壤含水率拟合程度要好，且二元监测模型平均相对误差值要比 TVDI 模型小。这就意味着，二元回归模型监测该区域 0～30cm 土层土壤含水率优于 TVDI 模型，能够更为准确地监测乌审旗区域干旱分布情况。

8.5 小　　结

为了分析模型的可靠性与稳定性，采用高时间分辨率 MODIS 数据反演的 TVDI 指数分别按照不同时期、不同土层深度对 2014 年 5 月—2016 年 10 月野外实测土壤含水率数据进行土壤含水率监测模型回归分析并验证。运用空间尺度推演方法将 2016 年乌审旗范围内可用 Landsat8/ETM＋反演的 30m 空间分辨率 $TVDI_{Landsat}$ 对 MODIS 反演的 1km 空间分辨率 $TVDI_{MODIS}$ 进行空间尺度推演，使 $TVDI_{MODIS}$ 的空间分辨率提高到 30m，与单独利用 MODIS 数据的监测 0～30cm 土层深度含水率结果以及野外含水率实测数据进行对比分析，验证基于空间尺度推绎方法构建多尺度遥感模型的性能。然后，利用时间尺度推演方法获取 2016 年 4—10 月的 TVDI 月合成数据，并对其在旱情监测方面的应用进行分析。此外，尝试综合 TVDI 指数与 DDI 指数构建二元监测模型来监测 0～30cm 土层深度含水率，并对其监测精度进行探讨。结果表明：

（1）MODIS 反演 TVDI 与各土层深度的土壤含水率呈现出一定的线性负相关，由于研究区土壤含水率整体较低，散点分布在含水率低值附近，与 Landsat8/ETM＋反演 TVDI 监测 0～30cm 土层深度含水率结论大致相同。TVDI 指数的直线模型具有较好的稳定性与可靠性。

（2）Landsat8/ETM＋数据空间分辨率较高，土壤含水率平均相对误差较小，整体分布也更接近于研究区实际情况；而 MODIS

数据空间分辨率较低，受混合像元影响较大，导致土壤含水率平均相对误差较大，整体分布与研究区实际情况大致相似，部分区域存在偏差较大。基于空间尺度推演方法的多尺度遥感模型使得MODIS数据反演的TVDI在监测0～30cm土层深度含水率精度有所提高。多尺度模型数据结合时空推演方法反演TVDI监测乌审旗旱情时空分布状况与实际状况极为相符，此方法对于进一步服务该区域农牧业生产具有极为重要的意义。

（3）基于TVDI与DDI指数的二元监测模型监测乌审旗0～30cm土层深度含水率的精度优于TVDI指数模型，能够更为准确地监测乌审旗区域干旱分布情况。

第9章 基于综合干旱监测指数对毛乌素沙地腹部旱情监测研究

9.1 最优单一旱情监测遥感指数模型的选择

遥感监测土壤含水率的方法较多，本书选取了稳定性较好、应用较为广泛且所需气象资料少的 3 种监测方法——归一化干旱指数法（NDDI）、尺度化土壤湿度监测指数法（SMMI）与温度植被干旱指数法（TVDI）进行对比、分析，分别得出 3 种旱情指数的优劣及其适用范围[180]。

以 2015 年、2016 年、2017 年各年 4—10 月期间可利用的10 期中高分辨 Landsat8 数据为数据源，分别将 NDDI、尺度化 SMMI、TVDI 按不同时间、不同土层深度与对应时间的土壤含水率野外实测数据进行直线、指数、对数与二项式拟合，并进行各模型之间的比较，选择出最优拟合模型的干旱监测指数方法。对遥感指数与土壤实测含水率进行相关性分析，计算干旱指数与土壤含水率的相关系数。通过相关系数、散点图分析相关性，判断土壤实测含水率数据的质量，剔除奇异点，特别是有些点与道路、村镇距离较近，应予以剔除。

9.1.1 归一化干旱指数模型

9.1.1.1 基本原理

Landsat 遥感数据被广泛应用于干旱监测。遥感数据具有实时性、能进行大面积高精度监测的特点，得到了广泛的应用。Gu 等[181]发现相比于 NDVI，归一化差值水体指数（NDWI）可以更加灵敏快速地对干旱作出响应。为了能够精确快速地获取当前地表干旱状况，提出了归一化干旱指数 NDDI，并利用两者优势综合反映地表因干旱导致的植被长势和土壤湿度变化，进而反映当前地表的干旱程度。白开旭[182]利用 NDWI 和 NDVI 建立归一化干旱指数能够很好地反演西南地区干旱。NDDI 被定义为 NDVI 与 NDWI 之差和两者之和的比值，计算方法为：

$$NDDI=(NDVI-NDWI)/(NDVI+NDWI) \tag{9.1}$$

式中：NDVI 为归一化植被指数；NDWI 为归一化水体指数。

在 NDDI 计算过程中，对于有冰雪或云覆盖的像元，将其对应的 NDDI 值赋为空值，从而保证后续敏感性分析的精度。

9.1.1.2 模型的回归拟合和验证

利用 2016 年 4 月（春季）、9 月（秋季）两期不同植被覆盖度的遥感数据，计算得到的归一化干旱指数 NDDI，分别与 0～10cm、10～20cm、20～30cm 各土层深度的土壤含水率建立指数模型、直线模型、对数模型和二次多项式模型，用决定系数 R^2 来评价这些模型的拟合优度，图 9.1 和图 9.2 为 2016 年 4 月和 9 月两期不同土层深度的 4 种不同拟合结果。

图 9.1 和图 9.2 是 NDDI 值与不同土层深度的土壤含水率数据之间的回归分析统计情况，从统计结果来看：这 4 种拟合模型中，直线关系和指数关系的决定系数较低，而对数关系和二次多项式关系的决定系数较高，且通过了置信度为 0.05 的 F 检验，说明 NDDI 值与不同土层深度的土壤含水率数据之间存在显著的二次多项式关系和对数关系；其中 R^2 最高的是二次多项式关系，说明 NDDI 值与 0～10cm、10～20cm、20～30cm 各土层深度的土壤含水率之间的最佳拟合模型为二次多项式关系，具有统计学意义。因此，将二次多项式拟合方程作为 2015 年、2016 年、2017 年各年 4—10 月中的 10 期的反演模型，其中 100 个样点用来回归建模，20 个样点作为模型验证数据，采用相对误差、均方根误差来评价反演结果。

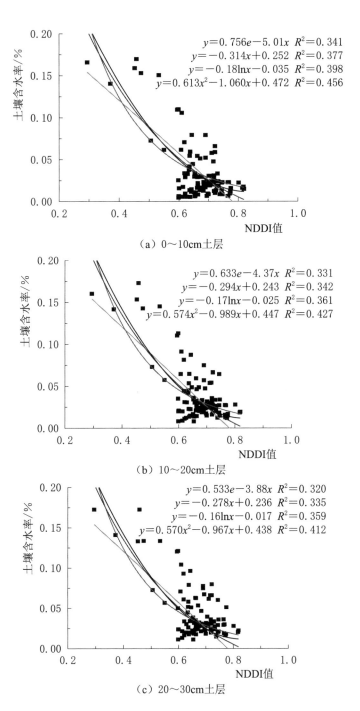

（a）0～10cm土层

（b）10～20cm土层

（c）20～30cm土层

图 9.1　2016 年 4 月不同深度的土壤含水率与 NDDI 拟合结果

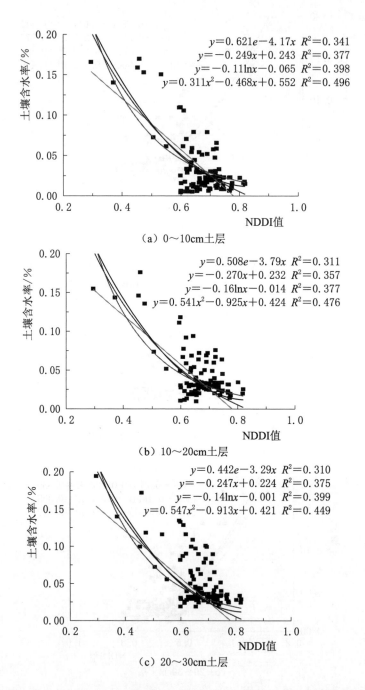

图 9.2　2016 年 9 月不同深度的土壤含水率与 NDDI 拟合结果

9.1.1.3　分析与讨论

由表 9.1 能够明显看出，归一化干旱指数的最优模型二次多项式在研究区内不同植被覆盖度时期呈现出一定的规律。

表 9.1　　归一化干旱指数法拟合值与实测值的相对误差分析

深度	低植被覆盖度 $\triangle$/%	高植被覆盖度 $\triangle$/%	各期平均 $\triangle$/%
0～10cm	14.02	12.31	13.17
10～20cm	15.04	13.04	14.04
20～30cm	16.25	14.23	15.24
各层平均 $\triangle$/%	15.10	13.19	14.15

注　$\triangle$ 为相对误差；4—6 月为低植被；7—9 月为高植被。

（1）2015 年、2016 年、2017 年各月每个土层深度的决定系数 R^2 均大于 0.35，其中，随着土层深度（0～10cm、10～20cm、20～30cm）的增加而呈现出整体下降趋势，而平均相对误差、与均方根误差随着土层深度的增加而整体呈现出上升趋势，说明归一化干旱指数能够反映地表土壤水分状况，在本研究区域内更适合 0～10cm 深度土壤表层含水率的监测，作为干旱监测的一个重要指标具有一定的合理性。

（2）在低植被覆盖时期，土层深度 0～10cm、10～20cm、20～30cm 的平均相对误差分别为 14.02%、15.04% 和 16.25%，其中 0～10cm 深度的平均相对误差最小，10～20cm、20～30cm 深度的平均相对误差最大，表明 0～10cm 深度的拟合效果相对最好，10～20cm 深度的拟合效果次之，20～30cm 深度的拟合效果最差。在高植被覆盖时期，土层深度 0～10cm、10～20cm、20～30cm 的平均相对误差分别为 12.31%、13.04% 和 14.23%，其中，0～10cm 深度的平均相对误差最小，10～20cm、20～30cm 深度的平均相对误差最大，表明 0～10cm 深度的拟合效果相对最好，10～20cm 深度的拟合效果次之，20～30cm 深度的拟合效果最差。在低植被覆盖时期的各土层深度的平均相对误差明显高于高植被覆盖时期，这说明归一化干旱指数法适合高植被覆盖度的土壤表层含水率监测。

9.1.2 尺度化土壤湿度监测模型

9.1.2.1 基本原理

根据 OLI 波段 3、波段 4 的反射率数据建立的二维光谱特征空间散点图，构建土壤湿度监测模型（见图 9.3）。从图 9.3 可以看出，B 表示湿润裸土、A 表示半湿润全植被覆盖、C 表示干燥裸土，其土壤湿度呈现减少趋势，这 3 个极端状况组成了特征空间。二维特征空间中的任意一点 E 到 O 点的距离可以说明土壤湿度的变化状况，即当点 E 位于 B 点时，$|OE|$ 最小，土壤湿度最高；当点 E 位于 C 点时，$|OE|$ 最大，土壤湿度最小[183]。

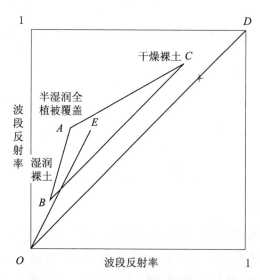

图 9.3 土壤湿度监测模型构建示意图

因此，$|OE|$ 距离的变化反映了土壤湿度的变化。$|OE|$ 可以表示为

$$|OE| = \sqrt{(r_i^2 + r_j^2)} \qquad (9.2)$$

式中：r_i、r_j 分别为 OLI 第 i 波段和第 j 波段地表反射率。

在 Nir－Red 空间中，$i=4$，$j=3$ 为了让 $|OE|$ 介于 $0\sim1$ 之间，选择 $|OE|/|OD|$ 值作为土壤湿度表征指数，因为 $|OD|$ 为固定

值 $\sqrt{2}$ 。

这样构建的 OLI 土壤湿度监测指数为

$$\text{SMMI}(i,j) = \frac{|OE|}{|OD|} = \frac{\sqrt{(r_i^2 + r_j^2)}}{\sqrt{2}} \tag{9.3}$$

由于本书所使用的遥感影像在时相上不完全一致，为消除时相差异，提出了尺度化 S-SMMI 的计算方法，即

$$\text{S-SMMI} = (\text{SMMI} - \text{SMMI}_0)/(\text{SMMI}_s - \text{SMMI}_0) \tag{9.4}$$

式中：SMMI 为某一像元对应的 SMMI 值；SMMI_0 为饱和裸土对应的 SMMI 值；SMMI_s 为干燥裸土对应的 SMMI 值。

结合研究区情况，借鉴 NDVI_0 和 NDVI_s 的确定方法，选择每期影像 SMMI 累积频率置信度为 1% 时所对应的 SMMI 值作为 SMMI_0 的值，SMMI 累积频率置信度为 99% 时所对应的 SMMI 值为 SMMI_s 的值。

9.1.2.2　模型的回归拟合和验证

利用 2016 年 4 月（春季）、9 月（秋季）两期不同植被覆盖度的遥感数据计算得到的尺度化 SMMI 指数，分别与 0~10cm、10~20cm、20~30cm 各土层深度的土壤含水率建立指数模型、直线模型、对数模型和二次多项式模型，用决定系数 R^2 来评价这些模型的拟合优度，图 9.4、图 9.5 为 2016 年 4 月和 9 月 2 期不同土层深度的 4 种不同拟合结果。

图 9.4、图 9.5 为尺度化 SMMI 值与不同土层深度的土壤含水率数据之间的回归分析统计情况，从统计结果来看：这 4 种拟合模型中，线性关系和指数关系的决定系数较低，而对数关系和二次多项式关系的决定系数较高，且通过了置信度为 0.05 的 F 检验，说明尺度化 SMMI 值与不同土层深度的土壤含水率数据之间存在显著的二次多项式关系和对数关系；其中 R^2 最高的是二次多项式关系，说明尺度化 SMMI 值与 0~10cm、10~20cm、20~30cm 各土层深度的土壤含水率之间的最佳拟合模型为二次多项式关系，具有统计学意义。因此，将二次多项式拟合方程作为 2015 年、2016 年、2017 年各年 4—10 月中的 10 期的反演模型。

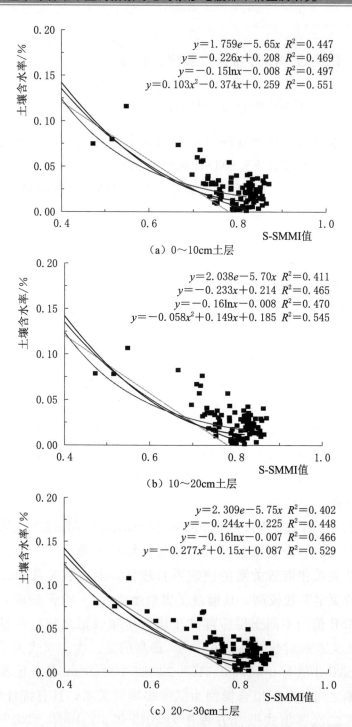

图 9.4　2016 年 4 月不同深度的土壤含水率与 SMMI 拟合结果

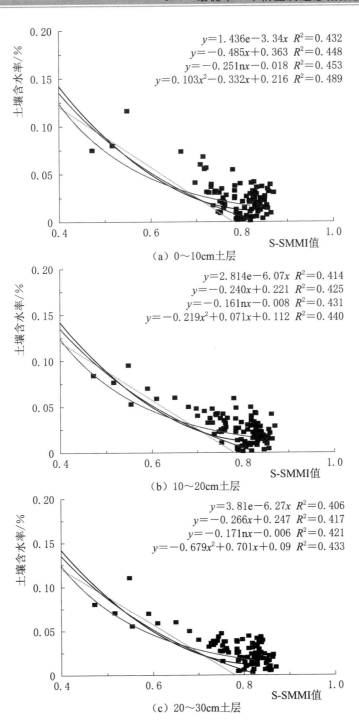

图 9.5　2016 年 9 月不同深度的土壤含水率与 SMMI 拟合结果

9.1.2.3　分析与讨论

由表 9.2 能够明显看出，尺度化 SMMI 指数的最优模型二次多项式在研究区内不同植被覆盖度时期呈现一定的规律。

表 9.2　尺度化 SMMI 指数法拟合值与实测值的相对误差分析

深度	低植被覆盖度 △/%	高植被覆盖度 △/%	各期平均 △/%
0～10cm	12.13	14.01	13.07
10～20cm	13.55	14.95	14.25
20～30cm	14.50	16.76	15.63
各层平均 △%	13.39	15.24	14.32

注　△ 为相对误差；4—6月为低植被；7—9月为高植被。

（1）2015 年、2016 年、2017 年各月每个土层深度的决定系数 R^2 均大于 0.35，其中，随着土层深度（0～10cm、10～20cm、20～30cm）的增加而呈现出整体下降趋势，而平均相对误差、均方根误差随着土层深度的增加而整体呈现出上升趋势，说明尺度化 SMMI 指数能够反映地表土壤水分状况，在本研究区域内更适合 0～10cm 深度土壤表层含水率的监测，作为干旱监测的一个重要指标具有一定的合理性。

（2）在低植被覆盖时期，土层深度 0～10cm、10～20cm、20～30cm 的平均相对误差分别为 12.13％、13.55％和 14.50％，其中，0～10cm 处平均相对误差最小，10～20cm、20～30cm 深度的平均相对误差最大，表明 0～10cm 深度的拟合效果相对最好，10～20cm 深度的拟合效果次之，20～30cm 深度的拟合效果最差。在高植被覆盖时期，土层深度 0～10cm、10～20cm、20～30cm 的平均相对误差分别为 14.01％、14.95％和 16.76％，其中 0～10cm 处平均相对误差最小，10～20cm、20～30cm深度的平均相对误差最大，表明 0～10cm 处的拟合效果相对最好，10～20cm 深度的拟合效果次之，20～30cm 深度的拟合效果最差。在低植被覆盖时期的各土层深度的平均相对误差明显高于高植被覆盖时期，这说明尺度化

SMMI指数法适合低植被覆盖度的土壤表层含水率监测。

9.1.3 温度植被干旱指数模型

9.1.3.1 基本原理

植被指数与地表温度构建的特征空间，不仅可以用来研究分析植被覆盖度与植被类型及植被生长状况，而且可以监测土壤含水量及土壤湿度变化情况。从图9.6中可以看出，研究区植被覆盖类型从 A 点无植被覆盖条件下地表温度比较高的地区，到 B 点湿润裸土地区，再到 C 点植被覆盖度高的湿润地区，土壤湿度从低到高。AC 为干旱条件下的低蒸散线也就是干边；BC 为湿润情况下潜在蒸散线也就是湿边，这3点组成了三角形特征空间的三种极端情况。

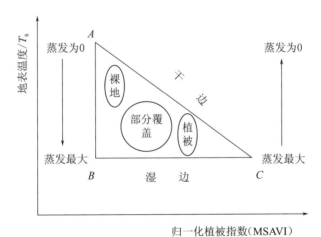

图9.6 T_s-MSAVI 特征空间

选用修正的土壤调整植被指数和地表温度的三角形特征空间中，可以提取到干边、湿边方程：

$$T_{smax} = a_1 + b_1 \cdot MSAVI$$
$$T_{smin} = a_2 + b_2 \cdot MSAVI \tag{9.5}$$

式中：T_{smax} 为特征空间拟合干边；T_{smin} 为特征空间拟合湿边；a_1、b_1、a_2、b_2 分别为干、湿边拟合方程系数。

TVDI 依靠图像数据由植被指数和地表温度计算得到，其定义为

$$\text{TVDI} = \frac{T_s - T_{smin}}{T_{smax} - T_{smin}} \tag{9.6}$$

TVDI 指数的取值范围为 0～1，与土壤表层含水量呈负相关，与干旱程度呈正相关。即 TVDI 值越小，土壤水分越高，相对干旱程度越低；反之则相对干旱程度越高。以 TVDI 指数作为干旱等级划分标准可将干旱划分为 5 个等级（表 9.3）。

表 9.3 　　　　　　　　　　TVDI 干旱等级划分标准

等级	类型	TVDI
Ⅰ	湿润	0＜TVDI≤0.2
Ⅱ	正常	0.2＜TVDI≤0.4
Ⅲ	中旱	0.4＜TVDI≤0.6
Ⅳ	轻旱	0.6＜TVDI≤0.8
Ⅴ	重旱	0.8＜TVDI≤1

通过计算遥感数据，去除不满足条件的异常值，提取植被指数对应地表温度的最大值和最小值，构建毛乌素沙地腹部 10 期影像数据的 T_s - MSAVI 特征空间。根据式（9.6）拟合干边、湿边方程，结果表明：修正的土壤调节植被指数对应最大、最小地表温度存在近似线性关系，随着修正的土壤调节植被指数的增大，地表温度的最大值与最小值呈现相反的变化趋势（见表 9.4）。图 9.7～图 9.9 的 10 期散点图的特征空间形状基本都相似三角形形状。

表 9.4 　　　　温度植被干旱指数法拟合值与实测值的相对误差分析

深度	低植被覆盖度 △/%	高植被覆盖度 △/%	各期平均 △/%
0～10cm	11.15	11.05	11.11
10～20cm	12.30	12.83	12.57
20～30cm	13.39	13.71	13.55
各层平均 △/%	12.28	12.53	12.41

注　△ 为相对误差。4—6 月为低植被期；7—9 月为高植被期。

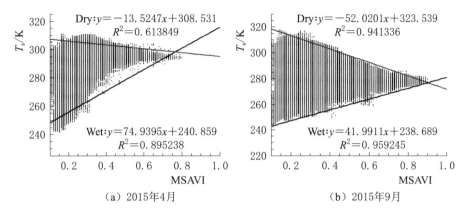

（a）2015年4月

（b）2015年9月

图 9.7　2015 年 4 月、9 月 Landast8 的
T_s - MSAVI 特征空间

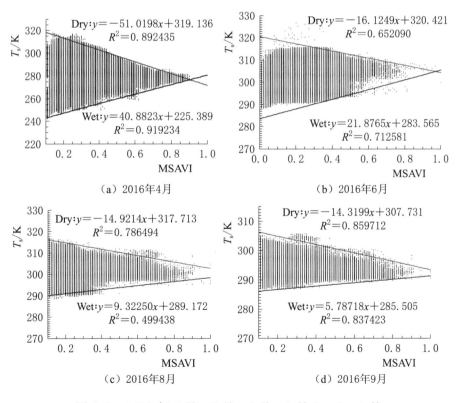

（a）2016年4月

（b）2016年6月

（c）2016年8月

（d）2016年9月

图 9.8　2016 年 4 月、6 月、8 月、9 月 Landast8 的
T_s - MSAVI 特征空间

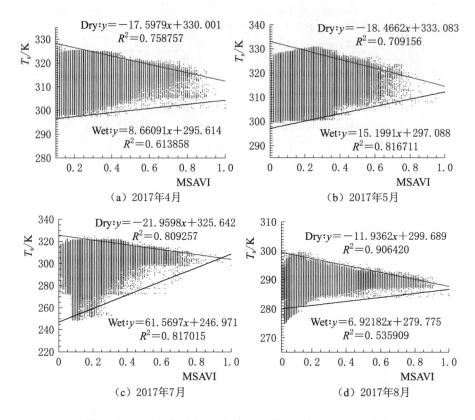

图 9.9　2017 年 4 月、5 月、7 月、8 月 Landast8 的

T_s – MSAVI 特征空间

9.1.3.2　模型的回归拟合和验证

利用 2016 年 4 月（春季）、9 月（秋季）两期不同植被覆盖度的遥感数据，计算得到温度植被干旱指数的 TVDI 分别与 0～10cm、10～20cm、20～30cm 各土层深度的土壤含水率建立了指数模型、直线模型、对数模型和二次多项式模型的关系，用决定系数 R^2 来评价这些模型的拟合优度，图 9.10 和图 9.11 为 2016 年 4 月和 9 月 2 期不同土层深度的 4 种不同拟合结果。

图 9.10 和图 9.11 为 TVDI 与不同土层深度的土壤含水率数据之间的回归分析统计情况，从统计结果来看：这 4 种拟合模型中，直线关系和指数关系的决定系数较低，而对数关系和二次多项式关

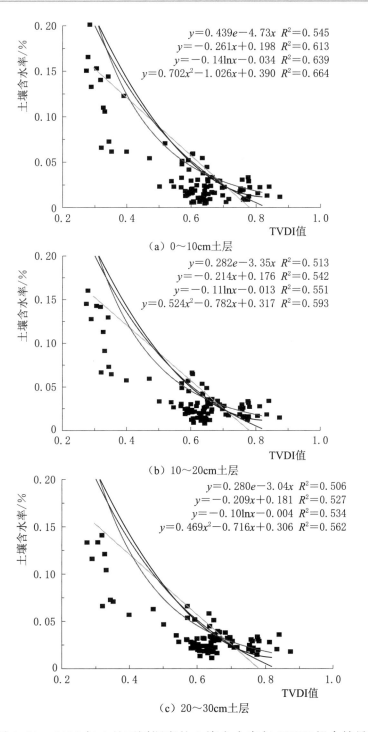

（a）0～10cm土层

（b）10～20cm土层

（c）20～30cm土层

图 9.10 2016 年 4 月不同深度的土壤含水率与 TVDI 拟合结果

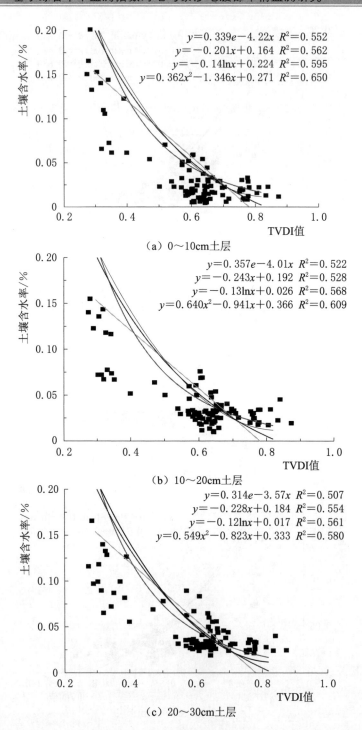

（a）0～10cm土层

（b）10～20cm土层

（c）20～30cm土层

图 9.11　2016 年 9 月不同深度的土壤含水率与 TVDI 拟合结果

系的决定系数较高，R^2 普遍大于 0.5，且通过了置信度为 0.05 的 F 检验，说明 TVDI 值与不同土层深度的土壤含水率数据之间存在显著的二次多项式关系和对数关系；其中 R^2 最高的是二次多项式关系，这说明 TVDI 值与 $0\sim10\mathrm{cm}$、$10\sim20\mathrm{cm}$、$20\sim30\mathrm{cm}$ 各土层深度的土壤含水率之间的最佳拟合模型为二次多项式关系，具有统计学意义。因此，将二次多项式拟合方程作为 2015 年、2016 年、2017 年各年 4—10 月中的 10 期的反演模型，其中 100 个样点用来回归建模，20 个样点作为模型验证数据，采用相对误差、均方根误差来评价反演结果、回归检验结果。不同干旱指数法拟合值与实测值的相对误差分析见表 9.5。

表 9.5　　　　不同干旱指数法拟合值与实测值的相对误差分析

指　数	深　　度	低植被覆盖度 $\triangle/\%$	高植被覆盖度 $\triangle/\%$	各期平均 $\triangle/\%$
NDDI	$0\sim10\mathrm{cm}$	14.02	12.31	13.17
	$10\sim20\mathrm{cm}$	15.04	13.04	14.04
	$20\sim30\mathrm{cm}$	16.25	14.23	15.24
	各层平均 $\triangle/\%$	15.10	13.19	14.15
SMMI	$0\sim10\mathrm{cm}$	12.13	14.01	13.07
	$10\sim20\mathrm{cm}$	13.55	14.95	14.25
	$20\sim30\mathrm{cm}$	14.50	16.76	15.63
	各层平均 $\triangle/\%$	13.39	15.24	14.32
TVDI	$0\sim10\mathrm{cm}$	11.15	11.05	11.11
	$10\sim20\mathrm{cm}$	12.30	12.83	12.57
	$20\sim30\mathrm{cm}$	13.39	13.71	13.55
	各层平均 $\triangle/\%$	12.28	12.53	12.41

9.1.3.3　分析与讨论

由图 9.10 和图 9.11 可以看出，温度植被干旱指数的最优模型二次多项式在研究区内不同植被覆盖度时期可以呈现以下规律：

（1）2015 年、2016 年、2017 年各月每个土层深度的决定系数 R^2 均大于 0.55，其中，随着土层深度（$0\sim10\mathrm{cm}$、$10\sim20\mathrm{cm}$、

20～30cm）的增加而呈现出整体下降趋势，而平均相对误差、均方根误差随着土层深度的增加而整体呈现出上升趋势，可以说明归一化干旱指数能够反映地表土壤水分状况，在本研究区域内更适合0～10cm深度土壤表层含水率的监测，作为干旱监测的一个重要指标具有一定的合理性。

（2）在低植被覆盖时期，土层0～10cm、10～20cm、20～30cm深度的平均相对误差分别为11.15％、12.30％和13.39％，其中，0～10cm深度的平均相对误差最小，10～20cm、20～30cm深度的平均相对误差最大，表明0～10cm深度的拟合效果相对最好，10～20cm的次之，20～30cm的最差。在高植被覆盖时期，土层深度0～10cm、10～20cm、20～30cm的平均相对误差分别为11.05％、12.83％和13.71％，其中，0～10cm深度的平均相对误差最小，10～20cm、20～30cm深度的平均相对误差最大，表明0～10cm处的拟合效果相对最好，10～20cm的次之，20～30cm的最差。在低植被覆盖期0～10cm土层深度的平均相对误差明显略高于高植被覆盖期，10～20cm、20～30cm的土层深度平均相对误差略低于于高植被覆盖期，这说明温度植被干旱指数法适合不同植被覆盖度的土壤含水率监测。

9.1.4　最优单一旱情监测遥感指数模型的选择

上文列举了3种干旱指数模型，这些模型的适用性和精度存在差异，下面就从适用性和反演精度方面对比、分析3种干旱指数模型。

由图9.12～图9.14可知：

（1）在低植被覆盖时期2015年4月、2016年4月、2016年6月、2017年4月、2017年5月可以得到以下结果。

TVDI方法在0～10cm、10～20cm、20～30cm各土层深度所构建模型的决定系数R^2均大于归一化干旱指数和尺度化SMMI指数的决定系数。同时，TVDI方法在0～10cm、10～20cm、20～30cm各土层深度的相对误差分别为11.15％、12.30％、12.28％，

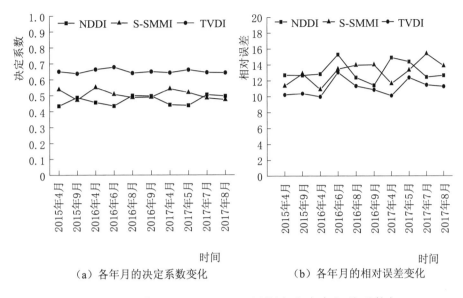

（a）各年月的决定系数变化　　　（b）各年月的相对误差变化

图 9.12　遥感监测 0～10cm 土层深度含水率相关系数与
相对误差变化比较

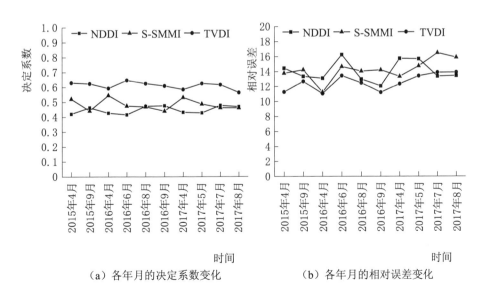

（a）各年月的决定系数变化　　　（b）各年月的相对误差变化

图 9.13　遥感监测 10～20cm 土层深度含水率相关系数与
相对误差变化比较

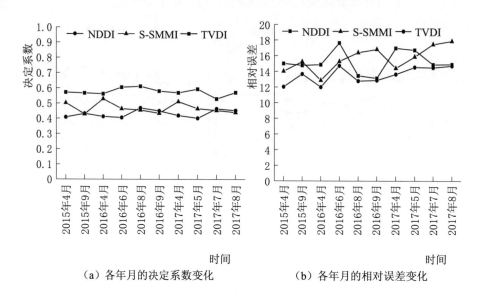

（a）各年月的决定系数变化　　　　（b）各年月的相对误差变化

图9.14　遥感监测20～30cm土层深度含水率相关系数与
相对误差变化比较

相对误差的平均值为12.28％；归一化干旱指数在0～10cm、10～20cm、20～30cm各深度的相对误差分别为14.02％、15.04％、16.25％，相对误差的平均值15.01％；尺度化SMMI指数法在0～10cm、10～20cm、20～30cm各土层深度的相对误差分别为12.13％、13.55％、14.50％，相对误差的平均值13.39％；由此可知，TVDI方法在各层的土壤含水率相对误差均小于归一化干旱指数和尺度化SMMI指数的相对误差，并且均在10％左右，拟合效果较好。而归一化干旱指数和尺度化SMMI指数监测效果则相对较差。尺度化SMMI指数的监测效果要优于归一化干旱指数。

（2）在高植被覆盖期（2015年9月、2016年8月、2016年9月、2017年7月、2017年8月）可以得到以下结果。

TVDI方法在0～10cm、10～20cm、20～30cm各土层深度所构建模型的决定系数R^2均大于归一化干旱指数和尺度化SMMI指数的R^2。同时，TVDI方法在0～10cm、10～20cm、20～30cm各土层深度的相对误差分别为 11.05％、12.83％、13.71％，相对误差的平均值为 12.53％；归一化干旱指数在 0～10cm、10～20cm、20～30cm 各深度的相对误差分别为 12.31％、13.04％、14.23％，相对误差的平均值为 13.19％；尺度化 SMMI 指数法在 0～10cm、10～20cm、20～30cm 各深度的相对误差分别为 14.01％、14.95％、16.67％，相对误差的平均值为 15.24％；由此可知，TVDI 方法在各层的土壤含水率的相对误差均小于归一化干旱指数和尺度化 SMMI 指数的相对误差，并且均在 10％左右，拟合效果较好。而归一化干旱指数和尺度化 SMMI 指数监测效果则相对较差。归一化干旱指数的监测效果要优于尺度化 SMMI 指数。

（3）在低植被覆盖时期与高植被覆盖时期的 10 期数据中，TVDI 方法在 0～10cm、10～20cm、20～30cm 各土层深度的相对误差的各期平均值分别为 11.11％、12.57％、13.55％；归一化干旱指数在 0～10cm、10～20cm、20～30cm 各土层深度的相对误差的平均值分别为 13.17％、14.04％、15.24％；尺度化 SMMI 指数法在 0～10cm、10～20cm、20～30cm 各土层深度的相对误差的平均值分别为 13.07％、14.25％、15.63％。

综上所述，归一化干旱指数和尺度化 SMMI 指数进行土壤含水率监测的效果随着时间的变化而起伏较大，TVDI 法监测土壤含水率效果的稳定性相对好一些。同时，TVDI 法监测土壤含水率精度要优于归一化干旱指数和尺度化 SMMI 指数两种方法，而尺度化 SMMI 指数在低植被覆盖时期又稍微优于归一化干旱指数法，归一化干旱指数在高植被覆盖时期又稍微优于尺度化 SMMI 指数法。归一化干旱指数法、尺度化 SMMI 指数以及 TVDI 法 3 种模型的决定系数 R^2 随着土层深度（0～10cm、10～20cm、20～30cm）的增加而呈现整体降低趋势，而相对误差随着土层深度的增加而呈现整体缓慢上升趋势，说明 0～10cm 土层深度的土壤含水率监测精度比 10～20cm、20～30cm 各土层深度的土壤含水率监测精度高，但相差不太大。

9.2　小　　结

本章介绍了 NDDI、尺度化 SMMI、TVDI 的基本原理，并结合 2015 年、2016 年、2017 年野外实测土壤相对含水率数据，对 NDDI、尺度化 SMMI、TVDI 在毛乌素沙地腹部——乌审旗的最优单一旱情监测遥感指数模型进行了比较。结果表明：NDDI 与尺度化 SMMI 法进行土壤含水率监测的效果随着时间的变化而起伏较大，TVDI 法监测土壤含水率效果的稳定性相对较好。多项式模型整体稳定性能较好且拟合效果要优于其他 3 种模型。遥感反演土壤水分的平均相对误差、均方根随着土层深度的增加而呈现出整体缓慢上升趋势，说明 0～10cm 土层深度的土壤含水率监测精度比10～20cm、20～30cm 各土层深度的土壤含水率监测精度高。

第 10 章 综合干旱指数监测模型构建与验证

干旱是一个复杂、缓慢的过程，遥感类的干旱监测指数主要通过植被的生理特征间接地表达出区域地表干旱情况[184]，这些干旱监测指数都能对旱情状况进行不同程度的描述，倘若仅仅采用单一的干旱指数监测旱情不能准确地反映研究区的实际状况。针对上述情况，本书通过处理好的单一干旱监测指数，构建了可在区域尺度上应用的综合干旱指数监测模型。该模型是通过结合归一化干旱指数 NDDI、尺度化土壤湿度监测指数 SMMI、温度植被干旱指数法 TVDI 3 种指标进行干旱监测，可以较好地弥补单个指标过于片面或者存在的不足问题，提高在毛乌素沙地腹部复杂背景下干旱监测指数的准确度。

10.1 基 本 原 理

遥感干旱监测指数对干旱有一定程度的反映，但是在监测土壤水分到监测干旱之间仍然存在一个较难过渡的过程，绝大部分原因在于干旱监测指数的局限性和考虑地区干旱成因侧重点不同，因此在精确地解决旱情监测这个问题上，要想突破数据自身的缺陷和丰富干旱监测机理，综合多指数的综合干旱指数监测模型是监测旱情状况的途径之一[185]。

为了让第 4 章计算的归一化干旱指数 NDDI、尺度化土壤湿度监测指数 SMMI、温度植被干旱指数 TVDI 具有可结合性，采用相同的土壤含水率与这 3 个指数以及这 3 个干旱监测指数之间进行相关分析，统计的结果见表 10.1。

表 10.1　　　　土壤含水率与各个干旱指数间的相关性

干旱指数	土壤含水率	NDDI	SMMI	TVDI
NDDI	0.456[①]	1		
SMMI	0.551[①]	0.424[①]	1	
TVDI	0.664[①]	0.512[①]	0.467[①]	1

① 0.01 水平的显著相关。

从表 10.1 可以看出，不论是土壤含水率数据与归一化干旱指数 NDDI、尺度化土壤湿度监测指数 SMMI、温度植被干旱指数 TVDI 指数间的关系，还是这 3 个干旱监测指数相互之间的关系，基本上通过了 0.01 的双侧性显著检验，而且均呈正相关。其中，遥感干旱监测植被指数中的温度植被干旱指数 TVDI 与归一化干旱指数 NDDI 的相关性为 0.512。在遥感干旱监测植被指数与遥感干旱光谱监测指数中，温度植被干旱指数 TVDI 与尺度化土壤湿度监测指数 SMMI 之间的相关性最高，为 0.467；归一化干旱指数 NDDI 与尺度化土壤湿度监测指数 SMMI 之间的相关性次之，为 0.424。由此可见，同一类型干旱监测指数之间的相关性高于不同类型指数之间的相关性，进一步说明不同类型指数进行干旱监测的机理和反映的干旱信息不同，两者具有互补性。

3 个干旱监测指数与土壤含水率之间也有良好的相关性。其中，在遥感干旱监测植被指数与土壤含水率的相关性分析中，温度植被干旱指数 TVDI 与土壤含水率的相关性最高为 0.664，其次为归一化干旱指数 NDDI，相关性为 0.456。在遥感干旱监测光谱指数与土壤含水率的分析中，尺度化土壤湿度监测指数 SMMI 与土壤含水率的相关性最高为 0.551。这在一定程度上也定量地表明在分析研究的 3 个干旱监测指数中，温度植被干旱指数 TVDI 监测旱情效果最好，其次为尺度化土壤湿度监测指数 SMMI，最后为归一化干旱指数 NDDI。

综上所述，为了弥补单个指标过于片面或者存在的不足问题。提高干旱监测指数在毛乌素沙地地区复杂地形中的适应性，综合归一化干旱指数 NDDI、尺度化土壤湿度监测指数 SMMI、温度植被干旱指数法 TVDI 的遥感旱情监测模型,构建综合干旱指数监测模型如下:

$$DI = w_1 \times NDDI + w_2 \times SMMI + w_3 \times TVDI \qquad (10.1)$$

式中:DI 为综合旱情监测指数,其值越小表明研究区旱情越严重,取值范围为 $0\sim1$;w_1、w_2 和 w_3 分别为各个干旱指数的权重系数,且 $w_1 + w_2 + w_3 = 1$,其中 w_1、w_2、w_3 分别通过层次分析法[62]赋给3个基本参量不同权重系数。

10.2 权 重 确 定

采用层次分析法确定权重,步骤如下。

(1) 构造判断矩阵。判断矩阵是层次分析法把定性问题转化为定量分析的基础,采用 Saaty 提出的 5 标度法[186]构建(见表 10.2)。通过相同层次间的指标两两相互比较,从而确定相应的判断矩阵 A:

表 10.2 5 标 度 法 及 含 义

标 度 a_{ij}	量 化 值
指标 i 比 j 同样重要	1
指标 i 比 j 明显重要	3
指标 i 比 j 强烈重要	5
两相邻判断的中间值	2,4

$$A = \begin{Bmatrix} a_{11} & a_{12} & \cdots & a_{1j} \\ a_{21} & a_{22} & \cdots & a_{2j} \\ \vdots & \vdots & \vdots & \vdots \\ a_{i1} & a_{i2} & \cdots & a_{ij} \end{Bmatrix} \qquad (10.2)$$

式中:a_{ij} 为判断矩阵 A 的元素,表示第 i 个指标相对于第 j 个指标重要性的程度,且 A 满足条件:$i = j$;当 $i = j$ 时,$a_{ij} = 1$;$a_{ji} = 1/a_{ij}$,

$a_{ij} > 0$。

（2）层次单排序及一致性检验。层次单排序是为了确定本层次指标与上层次之间及与之有联系指标的重要性次序的权重，因而需要根据判断矩阵计算出评价指标的权重。评价指标的权重可以通过方根法计算判断矩阵的特征值与特征向量。判断矩阵 A 最大特征值 $\lambda_{\max}$ 和对应归一化后的特征向量。计算步骤如下：

1）计算判断矩阵每行元素乘积的 n 次方根。

$$W' = n\sqrt{\prod_{j-1}^{n} a_{ij}} \,(i=1,2,\cdots,n) \qquad (10.3)$$

2）对向量 $W'_i = (W'_1, W'_2, \cdots, W_n)^{\mathrm{T}}$ 作归一化处理。

$$W_i = W'_i / \prod_{i-1}^{n} W'_i \,(i=1,2,\cdots,n) \qquad (10.4)$$

3）求取最大特征值 $\lambda_{\max}$。

$$\lambda_{\max} = \sum_{i=1}^{n} \frac{(CW)_i}{nW_i} \,(i=1,2,\cdots,n) \qquad (10.5)$$

4）一致性检验。一致性检验指标 CI 度量判断矩阵偏离一致性的程度，其中 CI 的计算公式：

$$CI = (\lambda_{\max} - n)/(n-1) \qquad (10.6)$$

式中：n 为判断矩阵的阶数；CI 值越小，判断矩阵的一致性越好。

然后计算出一致性比率 CR：

$$CR = CI/RI \qquad (10.7)$$

式中：RI 为随机一致性指标。

当 $CR < 0.1$ 时，说明判断矩阵具有满意的一致性。否则就调整 A，直到满意为止，若 A 满足一致性检验，则 w_1、w_2、w_3 就是得到的权重。

5）计算结果。通过层次分析进行计算 $CR = 0.0041 < 0.1$，满足一致性检验得到的 w_1、w_2、w_3 分别为 0.17、0.32、0.51。

6）构建综合干旱指数监测模型。将 3 个权重系数代入式（10.1），得到如下模型：

$$DI = 0.17 \times NDDI + 0.32 \times SMMI + 0.51 \times TVDI \quad (10.8)$$

10.3 模型验证与旱情等级划分

10.3.1 模型验证

利用 2015 年 4 月、9 月和 2016 年 4 月（春季）、9 月（秋季）4 期不同植被覆盖度的遥感数据计算得到的综合干旱监测指数 DI，分别与 0～10cm、10～20cm、20～30cm 各土层的土壤含水率用拟合优度最好的二次多项式模型来回归分析。图 10.1～图 10.4 是 2015 年 4 月、9 月和 2016 年 4 月、9 月 4 期 0～10cm、10～20cm、20～30cm 不同土层深度的土壤含水率与综合干旱监测指数 DI 拟合结果。取 20 个样点作为模型验证数据，采用相对误差和均方根误差这两种评价指标来进行定量分析验证精度，结果见表 10.3。

表 10.3　2015 年 4 月、9 月和 2016 年 4 月、9 月 4 期不同土层深度的土壤含水率精度检验表

时　间	土层深度/cm	相对误差/%	均方根误差
2015 年 4 月	0～10	8.69	0.88
	10～20	9.15	1.07
	20～30	9.76	1.22
2015 年 9 月	0～10	9.27	1.39
	10～20	9.81	1.43
	20～30	10.12	1.57
2016 年 4 月	0～10	8.35	1.25
	10～20	8.66	1.36
	20～30	8.94	1.44
2016 年 9 月	0～10	9.21	1.69
	10～20	9.67	1.72
	20～30	9.93	1.85

　　由图 10.1～图 10.4 可知，2015 年 4 月、9 月和 2016 年 4 月、9 月 4 期新建的综合干旱监测指数与野外实测土壤含水率线性二次多项式回归分析得到的 0～10cm 土层相关系数分别为 0.773、0.782、0.747、0.791，10～20cm 土层相关系数分别为 0.728、0.743、0.735、0.779，20～30cm 土层相关系数分别为 0.707、0.722、0.718、0.764。同时，在 0～10cm 土层深度，4 期综合干旱监测指数和土壤含水率实测值的相关性均高于 10～20cm、20～30cm 土层。综合干旱监测指数与研究区 0～10cm、10～20cm、20～30cm 各土层深度的含水率相关性随着土层深度的增加而降低，充分说明综合干旱监测指数对不同植被覆盖度的表层土壤水分较敏感。

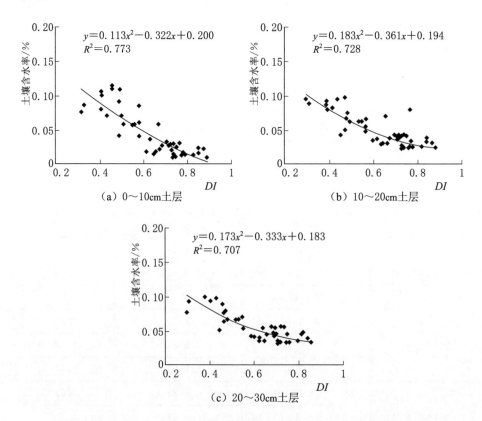

（a）0～10cm 土层　　　　　　　　　（b）10～20cm 土层

（c）20～30cm 土层

图 10.1　2015 年 4 月不同深度的土壤含水率与 DI 拟合结果

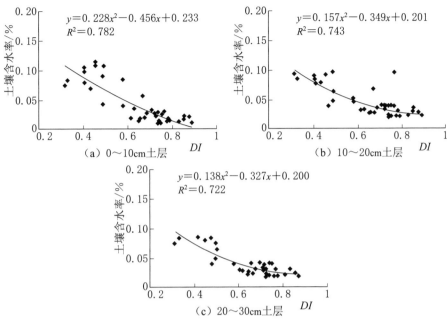

图 10.2 2015 年 9 月不同深度的土壤含水率与 DI 拟合结果

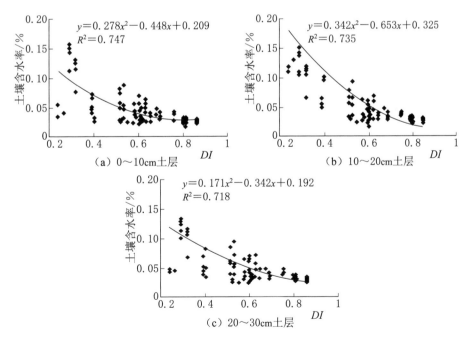

图 10.3 2016 年 4 月不同深度的土壤含水率与 DI 拟合结果

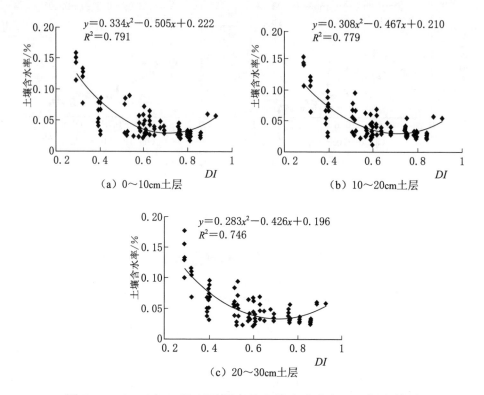

图 10.4　2016 年 9 月不同深度的土壤含水率与 DI 拟合结果

在 2015 年 4 月和 2016 年 4 月低植被覆盖期,土层深度 0～10cm、10～20cm、20～30cm 处的相对误差分别为 8.69%、9.15% 和 9.76%,8.35%、8.66% 和 8.94%;均方根误差分别为 0.88、1.07 和 1.22,1.25、1.36 和 1.44;其中,0～10cm 处的相对误差与均方根误差都最小,10～20cm、20～30cm 处的相对误差与均方根误差都最大,表明 0～10cm 处的拟合效果相对最好,10～20cm 的次之,20～30cm 的最差。

在 2015 年 9 月、2016 年 9 月高植被覆盖期,土层深度 0～10cm、10～20cm、20～30cm 处的相对误差分别为 9.27%、9.81% 和 10.12%,9.21%、9.67% 和 9.93%;均方根误差分别为 1.39、1.43 和 1.57,1.69、1.72 和 1.85;其中,0～10cm 处的相对误差与均方根误差都最小,10～20cm、20～30cm 处的相对误差

与均方根误差都最大，表明 0～10cm 处的拟合效果相对最好，10～20cm 的次之，20～30cm 的最差。

在 2015 年 4 月、2016 年 4 月低植被覆盖时期，单一指数中最优的 TVDI 指数与野外实测土壤含水率线性二次多项式回归分析得到的土层深度 0～10cm 相关系数分别为 0.651、0.664，土层深度 10～20cm 的相关系数分别为 0.630、0.593，土层深度 20～30cm 的相关系数分别为 0.572、0.562。土层深度 0～10cm 的相对误差分别为 10.23、9.97，土层深度 10～20cm 的相对误差分别为 11.27、11.04，土层深度20～30cm 的相对误差分别为 12.04、12.01。

在 2015 年、2016 年 9 月高植被覆盖期，单一指数中最优的 TVDI 指数与野外实测土壤含水率线性二次多项式回归分析得到的土层深度 0～10cm 相关系数分别为 0.638、0.650，土层深度 10～20cm 的相关系数分别为 0.624、0.609，土层深度 20～30cm 的相关系数分别为 0.567、0.580。土层深度 0～10cm 的相对误差分别为 10.38、10.85，土层深度 10～20cm 的相对误差分别为 12.69、11.21，土层深度20～30cm 的相对误差分别为 13.67、12.87。

通过以上分析，综合光谱指数与植被指数监测模型的综合干旱监测指数与野外实测含水率的相关性要明显优于最优单一指数 TVDI 与野外实测含水率的相关性，说明综合干旱监测指数能较好地反映出地表土壤水分信息，表征干旱情况，说明基于遥感干旱监测植被指数与遥感干旱监测光谱指数的多指数拟合效果比单一指数的拟合效果要好，更能适应不同植被覆盖度的干旱监测。由此可证明该综合干旱监测指数模型精度较高，对毛乌素沙地腹部地区的适应性更好，可用来监测毛乌素沙地地区的干旱发展情况。

10.3.2　旱情等级划分

根据综合干旱监测指数像元值统计结果，结合水利部旱情划分标准与农业干旱等级划分标准与综合干旱指数和土壤水分数据的关系，以及毛乌素沙地地区农业干旱实际情况，得到综合干旱监测指数的干旱等级划分标准，见表 10.4。

表 10.4 综合干旱监测指数旱情等级划分标准

等级	类型	DI（综合干旱监测指数）
Ⅰ	湿润	$0 < DI \leqslant 0.2$
Ⅱ	正常	$0.2 < DI \leqslant 0.4$
Ⅲ	轻旱	$0.4 < DI \leqslant 0.6$
Ⅳ	中旱	$0.6 < DI \leqslant 0.8$
Ⅴ	重旱	$0.8 < DI \leqslant 1$

10.4 基于综合干旱指数监测模型的毛乌素沙地腹部旱情时空变化分析

10.4.1 乌审旗旱情分布情况

本书对毛乌素沙地腹部地区 2015 年 4 月—2017 年 9 月期间 10 期有效遥感数据的综合干旱监测指数进行了计算，并参照干旱等级划分标准将研究区综合干旱监测指数从湿润到重旱划分为 5 个等级，得到研究区的旱情分布情况，结果如图 10.5～图 10.7 所示。利用 ENVI 与 Arcgis 软件便可以获得各旱情等级旱情面积统计状况（见表 10.5）。

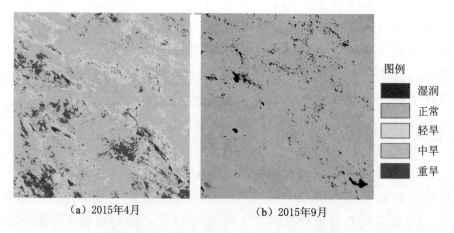

(a) 2015 年 4 月　　　　　(b) 2015 年 9 月

图 10.5　2015 年 4 月、9 月旱情分布图

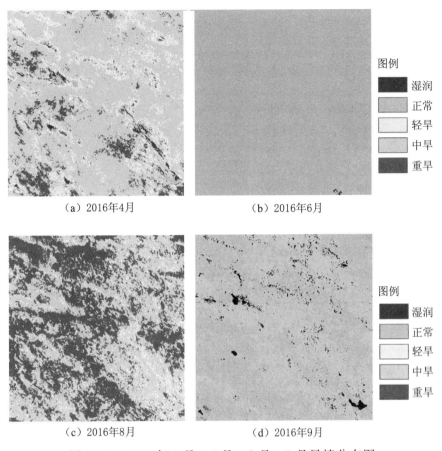

图例
■ 湿润
　 正常
　 轻旱
　 中旱
■ 重旱

（a）2016年4月　　　　　　　　（b）2016年6月

（c）2016年8月　　　　　　　　（d）2016年9月

图 10.6　2016 年 4 月、6 月、8 月、9 月旱情分布图

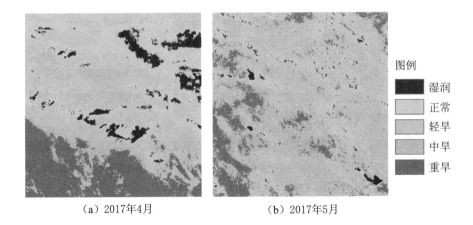

图例
■ 湿润
　 正常
　 轻旱
　 中旱
■ 重旱

（a）2017年4月　　　　　　　　（b）2017年5月

图 10.7（一）　2017 年 4 月、5 月、7 月、8 月旱情分布图

（c）2017年7月　　　　　　（d）2017年8月

图 10.7（二）　2017 年 4 月、5 月、7 月、8 月旱情分布图

表 10.5　　　　　　各干旱等级旱情面积比例统计表

时　间	统计项	干　旱　等　级				
		湿润	正常	轻旱	中旱	重旱
2015 年 4 月	面积/km²	15.14	745.28	3973.27	5289.16	1622.15
	比例/%	0.13	6.40	34.12	45.42	13.93
2015 年 9 月	面积/km²	260.85	1007.29	3140.66	6069.37	1166.83
	比例/%	2.24	8.65	26.97	52.12	10.02
2016 年 4 月	面积/km²	62.88	565.953	3649.54	7174.48	308.59
	比例/%	0.54	4.86	31.34	61.61	2.65
2016 年 6 月	面积/km²	102.48	1043.39	5307.79	4944.89	246.87
	比例/%	0.88	8.96	45.58	42.46	2.12
2016 年 8 月	面积/km²	110.63	704.52	2318.52	2903.10	5608.23
	比例/%	0.95	6.05	19.91	24.93	48.16
2016 年 9 月	面积/km²	51.24	629.99	3240.80	6013.48	1761.89
	比例/%	0.44	5.41	27.38	51.64	15.13
2017 年 4 月	面积/km²	25.62	218.93	3793.94	6091.50	1515.01
	比例/%	0.22	1.88	32.58	52.31	13.01
2017 年 5 月	面积/km²	93.16	285.30	1692.02	7762.56	1812.11
	比例/%	0.80	2.45	14.53	66.66	15.56

时　间	统计项	干　旱　等　级				
		湿润	正常	轻旱	中旱	重旱
2017 年 7 月	面积/km²	92.00	269.00	2561.90	8065.33	656.78
	比例/%	0.79	2.31	22.00	69.26	5.64
2017 年 8 月	面积/km²	9.32	110.63	3811.41	5256.55	2457.10
	比例/%	0.08	0.95	32.73	45.14	21.10

10.4.2　研究区旱情空间变化特征

毛乌素沙地腹部年内生长季大部分地区每个月从湿润到重旱都有出现，只是大部分地区处于干旱状态，面积最广。

（1）2015 年旱情。2015 年 4 月湿润地区主要分布在查干淖尔湖，以及乌审旗南部的巴图湾水库，轻旱主要分布在乌审召的北部地区，中旱分布在乌审召的南部一直到乌审旗的最南地区，其中在乌审旗嘎鲁图镇周围伴随着重旱。

2015 年 9 月湿润地区主要分布在乌审旗地势比较低图克镇的西部，重旱主要分布在乌审旗无定河镇的四周以及嘎鲁图镇的东部地区。

（2）2016 年旱情。2016 年 4 月湿润等级在乌审旗整个地区零星分布，轻旱等级主要在乌审召与图克镇附近，少数分布在陶利。其中中旱等级分布在乌审旗整个区域，最密集分布在苏力德苏木镇与无定河周围，部分分布在乌审旗最北部的乌兰沙巴尔台以及乌审旗中部地区。

2016 年 6 月乌审旗出现了大面积的重旱，主要分布在通史三组的整个北部地区。其中夹杂着部分轻旱和中旱等级；正常等级主要分布在乌审旗的最南部，主要是由于乌审旗南北比较长，南部地区紧挨着陕西地区，导致区域气候出现差异，降雨不均衡。

2016 年 8 月相比 6 月旱情等级分布出现了很大的变化。整体上呈现出减缓的趋势，其中嘎鲁图周围与乌审旗南部的河南乡仍然比较干旱，由于这两个地区人口比较集中，受到工业、人为活动等因素的影响较为严重，因此旱情状况依旧严重。

2016 年 9 月整体上东部地区、中南部大部分地区和南部部分地区较 8 月更正常，9 月整个乌审旗地区基本上出现较大范围的降水，甚至在北部地区出现大雨、暴雨，除中西地区的呼日呼、巴音淖尔降水较少外，其余地区降水量偏多。

（3）2017 年旱情。2017 年 4 月湿润等级分布相对于 2016 年没有太大的变化。其中，重旱分布在乌审旗最南部河南乡地区以及嘎鲁图镇周围，在这两个地区伴有部分中旱等级的分布，其余的中旱等级在乌审旗的整个区域呈一小片一小片的分布。轻旱等级成片地分布在呼吉尔图，以及陶利一组。

2017 年 5 月重旱等级的分布与 4 月的分布位置基本上没有太大变化。受冷空气的影响部分地区无降水或者降雨量很少，导致 4 月正常等级分布的地方大部分都变成了中旱，由此可知，降雨量对一个地区的土壤水分高低至关重要。

2017 年 7 月气温的升高，乌审旗处于毛乌素沙地腹部，导致整个地区大部分处于中旱的状态，重旱等级分布相对于 5 月有了重大的减轻趋势，只有在无定河镇的滩庙及乌审旗中部的嘎鲁图镇分布。轻旱等级相对于 5 月没有发生明显的变化。

2017 年 8 月气温进一步的升高，导致乌审旗轻旱、干旱、重旱出现大面积的连片，干旱、重旱等级分布在乌审旗北部的乌审召与南部地区的苏力德苏木地区；轻旱等级主要在 4 个地区分布，其中密集分布在乌审旗中西部的呼和淖尔、东北部的图克镇地区、中部地区的红泥厂子与南部地区河南乡的红进滩与滩庙。

10.4.3　研究区旱情时间变化特征

10.4.3.1　不同年份同一月份的变化

2015 年 4 月、2016 年 4 月、2017 年 4 月，整体上南部的旱情比北部严重。湿润区的面积均低于 0.6%，最低的是 2017 年，仅占 0.22%；最高的是 2016 年，仅有 0.54%。正常旱情等级在这 3 年中每年大约占 6%，从 2015 年的 6.4% 一直减少到 2017 年的

1.88%。其中在这3年中的旱情等级主要以轻旱和干旱等级为主，两者面积比例大约超过80%，但在2016年两者面积比例相差最大，达到了30.27%。重旱面积比例每年大约占到10%，但在2016年重旱面积比例是这3年中的最小值，为2.65%，主要因为4月乌审旗大部分地区处于裸土的情况。

2016年8月、2017年8月，随着降水量的减少，气温在8月呈先下降后上升又迎来新的高温，整体上中北部的旱情比较严重。2016以重旱为主，重旱比例达到了48.16%；而在2017年有了明显的好转，重旱的比例降到了21.10%，说明8月的重度旱情随着年份在逐渐减轻，但是总体上8月还是属于旱情比较严重的地方，干旱和重旱的比例达到了60%以上。

2015年9月、2016年9月，这两年的旱情分布极为相似。重旱的变化幅度最大，达到了5.11%；湿润、正常、轻旱、中旱所占的比例几乎没有发生变化。可见9月的旱情随着年份的变化，影响不是很大。

10.4.3.2　同一年份不同月份的变化

2015年4月、9月，从表10.6可以看出，2015年4—9月湿润、正常、干旱的面积都有所增加，轻旱、重旱的面积比例有所降低，出现了"三增两减"的现象。其中"三增"中的中旱比例最明显为6.7%，"两减"中的轻旱比例最明显为7.15%。而且从旱情分布图中可以看出，毛乌素沙地腹部整体为中旱，生态环境严酷，极不利于植被的生长。

表 10.6　　2015 年 4 月与 2017 年 4 月旱情等级分布面积对比

等级	2015 年		2017 年		2017 年与 2015 年相比	
	面积/km²	比例/%	面积/km²	比例/%	增加面积/km²	增加比例/%
湿润	15.14	0.13	25.62	0.22	10.48	0.09
正常	745.28	6.4	218.93	1.88	−526.35	−4.52
轻旱	3973.27	34.12	3793.94	32.58	−179.33	−1.54
干旱	5289.16	45.42	6091.50	52.31	802.34	6.89
重旱	1622.15	13.93	1515.01	13.01	−107.14	−0.92
合计	11645	100	11645	100		

2016 年 4 月、6 月、8 月、9 月，在 4 月相对其他时间段干旱状况较为严重，此时春季降水少气温回升风多，乌审旗大部分地区处于裸土情况，土壤含水量相对偏低。6 月为该区域降雨旺季，长时间的强降水使得土壤水分急剧增加，干旱面积迅速减少，土壤轻旱面积达到最高值。8 月干旱面积逐渐扩大，而研究区的农牧作物生长期时对水分需求更为强烈，并且此时蒸散发随着气温的增加也有所增加，使土壤水分更为匮乏，导致干旱状况更加恶化。9 月降水量减少，并伴随着水热状况以及农作物、天然植被的生理变化，土壤含水率逐渐减少，研究区干旱面积又逐渐增加。其中，湿润、正常比例变化规律基本一致，8 月出现同年最大湿润面积比例，为研究区面积比例的 0.95%，轻旱比例在 4—6 月递增，6—9 月呈现出先减少后增加的趋势，其中在 8 月减少到了 19.91%。中旱比例 4—8 月递减，递减到了 8 月最低的 24.93%，9 月又增加到了这 4 个月第二高的面积比例，达到了 51.64%，仅仅比干旱面积比例最大的 4 月少了 9.3%。重旱比例 4—6 月与 8—9 月都是呈现递减。

2017 年 4 月、5 月、7 月、8 月，湿润、正常等级面积比例变化情况大体相同，与往年不同的是，湿润等级的面积比例在 5 月出现同年中最大面积比例，为乌审旗面积比例的 0.8%，小于 2016 年的乌审旗面积比例。轻旱等级面积比例呈现出先减少后增加的趋势，8 月达到了研究区最大面积比例为 32.73%。中旱等级面积比例呈现出先增加后减少的趋势，5 月、7 月出现同年最大面积比例为乌审旗面积比例的 66.66%、69.26%。说明乌审旗 2017 年旱情分布的干旱比例的月变化为 5—7 月加重、8 月减轻，旱情最严重的为 7 月。重旱比例 4—6 月与 8—9 月都是呈现递减，与 2016 的变化趋势一致。

综上所述，同一年，湿润、正常面积的变化规律基本相同，整体上湿润面积比例最大的月份主要出现在低植被覆盖的月份。重旱比例 4—6 月与 8—9 月都是呈现递减的变化趋势。

从表 10.6 看出，2017 年与 2015 年，总体上乌审旗旱情等级分布情况欠佳。2017年乌审旗低植被覆盖的4月的干旱等级以轻旱和中旱为主，分别占总面积的32.58%和52.31%，为3793.94km² 和6091.50km²，重旱区域占乌审旗总面积的13.01%，为1515.01km²；2015年轻旱和中旱面积占乌审旗总面积的79.54%，可见乌审旗在2015年以后的3年间低植被覆盖的4月除个别区域外，旱情等级分布呈现出明显的上升势头，并且不同旱情等级的区域面积所占比例变化趋势不同。其中，正常、轻旱、重旱所占比例呈下降趋势，分别从 2015 年 的 6.4%、34.12%、13.93% 减少到 2017 年 的1.88%、32.58%、13.01%，减少了共6.96%；中旱所占比例呈上升趋势，从2015年的45.42%增加到2017年的52.31%，增加了6.89%。总体上，乌审旗在2015年以后的3年间低植被覆盖的4月，乌审旗旱情等级分布呈"三减二增"的变化特征。

　　从表10.7看出，2017年与2016年，总体上乌审旗旱情等级分布情况稍微好转。2017年乌审旗高植被覆盖的8月的干旱等级以轻旱和中旱为主，分别占乌审旗总面积的32.73%和45.14%，为3811.41km²和5256.55km²，重旱区域占总面积的21.10%，为2457.10km²；2016年轻旱和中旱面积占乌审旗总面积的44.84%，为5221.62km²，重旱区域占乌审旗总面积的48.16%，为5608.23km²，比2016年轻旱和中旱面积占总面积的44.84%都多了 3.32%，为 386.61km²。可见乌审旗在 2016 年以后的2年间高植被覆盖的8月除个别区域外，旱情等级分布呈现出明显的下降势头，并且不同旱情等级的区域面积所占比例变化趋势不同。其中，湿润、正常、重旱所占比例呈下降趋势，分别从2016 年 的 0.95%、6.05%、48.16% 减少到 2017 年 的 0.08%、0.95%、21.10%，减少了共33.03%，重旱所占比例更是大幅度地减少了27.06%。轻旱、中旱所占比例呈上升趋势，从2015年的19.91%、24.93%增加到 2017 年的 32.73%、45.14%，为3811.41km²、5256.55km²。总体上，乌审旗在2016年以后的2年间高植被覆盖的8月，乌审旗旱情等级分布呈"三减二增"的变化特征。

表 10.7　　　2016 年 8 月与 2017 年 8 月旱情等级分布
面积变化对比

等级	2016 年		2017 年		2017 年与 2016 年相比	
	面积/km²	比例/%	面积/km²	比例/%	增加面积/km²	增加比例/%
湿润	110.63	0.95	9.32	0.08	−101.31	−0.87
正常	704.52	6.05	110.63	0.95	−593.89	−5.1
轻旱	2318.52	19.91	3811.41	32.73	1492.89	12.81
干旱	2903.10	24.93	5256.55	45.14	2353.45	20.21
重旱	5608.23	48.16	2457.10	21.10	−3151.13	−27.06
合计	11645	100	11645	100		

从表 10.8 看出，2016 年与 2015 年，总体上乌审旗旱情等级分布情况稍微加重。2016 年乌审旗高植被覆盖的 9 月的干旱等级以轻旱和中旱为主，分别占乌审旗总面积的 27.38% 和 51.64%，为 3240.80km² 和 6013.48km²；重旱区域占乌审旗总面积的 15.13%，为 1761.89km²。2015 年轻旱和中旱面积占乌审旗总面积的 79.09%，为 9210.23km²，重旱区域占乌审旗总面积的 10.02%，为 1166.83km²，比 2016 年重旱面积占乌审旗总面积的 15.13% 都少了 5.11%，为 595.06km²。可见乌审旗在 2015 年以后的 2 年间高植被覆盖的 9 月除个别区域外，旱情等级分布呈现出明显的上升势头，并且不同旱情等级的区域面积所占比例变化趋势不同。其中湿润、正常、中旱所占比例呈下降趋势，分别从 2015 年的 2.24%、8.65%、52.12% 减少到 2016 年的 0.44%、5.41%、51.64%，减少了 5.52%，湿润、正常、中旱所占比例都是小幅度地减少，最明显的是中旱所占比例减少了 3.24%，湿润、正常所占比例都没有超过 2%。其中轻旱、重旱等级所占比例呈增加的变化趋势，从 2015 年的 26.97%、10.02% 增加到 2016 年的 27.38%、15.13%，为 3240.80km²、1761.89km²。总体上，乌审旗在 2015 年以后的 2 年间高植被覆盖的 9 月，乌审旗旱情等级分布也呈现"三减二增"的变化特征。

表 10.8　　　2015 年 9 月与 2016 年 9 月旱情等级分布

表 10.8　　　2015 年 9 月与 2016 年 9 月旱情等级分布
面积变化对比

等级	2015 年		2016 年		2016 年与 2015 年相比	
	面积/km²	比例/%	面积/km²	比例/%	增加面积/km²	增加比例/%
湿润	260.85	2.24	51.24	0.44	−209.61	−1.8
正常	1007.29	8.65	629.99	5.41	−377.3	−3.24
轻旱	3140.66	26.97	3240.80	27.38	100.14	0.41
干旱	6069.37	52.12	6013.48	51.64	−55.89	−0.48
重旱	1166.83	10.02	1761.89	15.13	595.06	5.11
合计	11645	100	11645	100		

10.5　小　　结

本章系统地介绍了基于多指数的综合干旱指数监测模型，包括模型的基本原理以及综合分析了归一化干旱指数 NDDI、尺度化土壤湿度监测指数法 SMMI、温度植被干旱指数法 TVDI 3 个指数，利用层次分析法对 3 个指数权重进行了确定，最终构建了综合干旱指数监测模型。利用 2015 年 4 月、9 月和 2016 年 4 月、9 月 4 期不同植被覆盖度的数据进行了模型的验证，并简单地分析了该方法相对于传统单一干旱指数监测模型的优势。在此基础上，对毛乌素沙地腹部地区 2015 年 4 月—2017 年 9 月期间 10 期有效遥感数据的综合干旱监测指数进行了应用，并将研究区综合干旱监测指数从湿润到重旱划分为 5 个等级，对得到研究区的旱情分布进行时空变化分析。

（1）综合了归一化干旱指数 NDDI、尺度化土壤湿度监测指数法 SMMI、温度植被干旱指数法 TVDI 的多指数综合干旱指数监测模型与野外实测含水率相关性要明显优于最优单一指数 TVDI 与野外实测含水率相关性，且使该模型能适应不同植被覆盖度的大空间尺度的旱情监测。

（2）在 2015 年 4 月、9 月和 2016 年 4 月、9 月 4 期综合干旱

监测指数和土壤含水率实测值的精度验证中发现，0～10cm 土层深度的相对误差与均方根误差均低于 10～20cm、20～30cm 土层深度。说明对于新建的综合干旱监测指数与研究区 0～10cm、10～20cm、20～30cm 深度土壤含水率的相关性随着土壤深度的增加而降低。

（3）毛乌素沙地腹部年内生长季大部分地区每个月从湿润到重旱等级都有出现，只是大部分地区处于中旱状态，面积最广，中旱地区主要分布在乌审旗的中部以及北部地区及其大部分沙地地带。同一年，湿润、正常面积的变化规律基本相同，整体上湿润面积比例最大的月份主要出现在低植被覆盖的月份。重旱比例在 4—6 月与 8—9 月都是呈现递减的变化趋势。

参 考 文 献

［1］ 沈建国．中国气象灾害大典·内蒙古卷［M］．北京：气象出版社，2008.

［2］ 毕力格．基于MODIS数据的内蒙古干旱监测［D］．呼和浩特：内蒙古师范大学，2009.

［3］ 胡文．内蒙古地区基于云参数背景场的MODIS旱情监测模型研究与应用［D］．呼和浩特：内蒙古农业大学，2016.

［4］ 周道玮，孙海霞，刘春龙，等．中国北方草地畜牧业的理论基础问题［J］．草业科学，2009，26（11）：1-11.

［5］ 晋锐，李新，马明国，等．陆地定量遥感产品的真实性检验关键技术与试验验证［J］．地球科学进展，2017，32（6）：630-642.

［6］ 陈晶，贾毅，余凡．双极化雷达反演裸露地表土壤水分［J］．农业工程学报，2013，29（10）：109-115.

［7］ Bowers S，Hanks R J. Reflection of radiant energy from soils［J］. Soil Science，1965，100（2）：130-138.

［8］ Waston K，Bowen L C，Offield T W. Application of thermal modeling in the geologic interpretation of IR image［J］. Remote Sensing of Environment，1971，3：2017-2041.

［9］ Kahle A B. A simple thermal model of the Earth's surface for geologic mapping by remote sensing［J］. Geophys Res，1977，82：1673-1680.

［10］ Rosema A. Result of the group agromet monitoring project［J］. ESA Journal，1986，（10）：17-41.

［11］ Price J C. On the analysis of thermal infrared imagery：the limited utility of apparent thermal inertia［J］. Rem Sens Environ，1985，18（1）：59.

［12］ 刘星文，冯永进．应用热惯量编制土壤水分图及土壤水分探测效果［J］．土壤学报，1987，24（3）：272-281.

［13］ 徐兴奎，隋洪智，田国良．互补相关理论在卫星遥感领域的应用研究［J］．遥感学报，1999（1）：55-60.

[14] 李韵珠，陆锦文，吕梅，等. 作物和土壤旱情的温差模型 [J]. 气象，1992 (5)：9 - 15.

[15] 张仁华. 改进的热惯量模式及遥感土壤水分 [J]. 地理研究，1990，9 (2)：101 - 110.

[16] 余涛，田国良，吕永红，隋洪智. 一种简单的土壤热惯量野外实测方法 [J]. 土壤学报，1998 (4)：560 - 568.

[17] 郭茜，李国春. 用表观热惯量计算土壤含水量探讨 [J]. 中国农业气象，2005，26 (4)：215 - 219.

[18] 李星敏，赵杰明，张树誉. NOAA/AVHRR 陕西局地数据集的生成及应用 [J]. 甘肃气象，1997 (2)：30 - 31.

[19] 陈怀亮，张卫红，刘荣花，等. 中国农业干旱的监测、预警和灾损评估 [J]. 科技导报，2009，27 (11)：82 - 93.

[20] 刘振华，赵英时. 遥感热惯量反演表层土壤水的方法研究 [J]. 中国科学. D 辑：地球科学，2006，36 (6)：552 - 558.

[21] 庞治国. 干旱遥感监测模型研究及墒情预报探索——以黑龙江省为例 [D]. 北京：中国水利水电科学研究院，2003.

[22] 石韧. 以植被为观测对象的遥感干旱监测——应用遥感技术监测干旱灾害的另一途径 [J]. 遥感技术与应用，1993 (1)：45 - 51.

[23] Jackson R D, Idso S B, Reginato R J. Canopy Temperature as a Drought Stress Indicator [J]. Water Resour. Res.，1981，17：1133 - 1138.

[24] Prout L S, Kogan F N. Drought monitoring and corn yield estimation in northen Canada from AVHRR data [J]. Remote Sensing of Environment，1984，63 (3)：219 - 232.

[25] Kogan F N. Remote sensing of weather impacts on vegetation in non - homogeneous areas [J]. International Journal of Remote Sensing，1990，11 (8)：1405 - 1419.

[26] Kogan F N. Application of vegetation index and brightness temperature for dought detection [J]. Advances in Space Research，1995，15 (11)：91 - 100.

[27] 郭铌，陈添宇，陈乾. 用 NOAA 气象卫星资料对甘肃省河东地区土地覆盖分类 [J]. 高原气象，1995 (4)：84 - 92.

[28] 肖乾广，陈维英，盛永伟，等. 用 NOAA 气象卫星的 AVHRR 遥感资料估算中国的净第一性生产力 [J]. 植物学报，1996 (1)：35 - 39.

[29] 居为民，孙涵，汤志成. 气象卫星遥感在干旱监测中的应用 [J]. 灾

害学，1996（4）：25 – 29.

[30] 陈云浩，李晓兵，史培军．整合陆地表面温度与植被指数信息进行地表覆盖变化研究［J］．第四纪研究，2003（3）：343.

[31] 盛永伟，陈维英，肖乾广，郭亮．利用气象卫星植被指数进行我国植被的宏观分类［J］．科学通报，1995（1）：68 – 71.

[32] 周咏梅．NOAA/AVHRR 资料在青海省牧区草场旱情监测中的应用［J］．应用气象学报，1998（4）：117 – 121.

[33] 晏明，刘志明，晏晓英．用气象卫星资料估算吉林省主要农作物产量［J］．气象科技，2005（4）：350 – 354.

[34] 管晓丹，郭铌，黄建平，葛觐铭，郑志海．植被状态指数监测西北干旱的适用性分析［J］．高原气象，2008（5）：1046 – 1053.

[35] 郭铌，管晓丹．植被状况指数的改进及在西北干旱监测中的应用［J］．地球科学进展，2007（11）：1160 – 1168.

[36] Nemani R R，Running S W. Estimation of regional surface resistance to evapotranspiration from NDVI and thermal – IR AVHRR date［J］. Journal of Application Meterlogical，1989，28（4）：276 – 284.

[37] Nemani R R，Running S W. Testing a theoretical climate – soil – leaf area hydrologic equilibrium of forests using satellite data and ecosystem simulation［J］. Agricultural and Forest Meteorology，1989，44：245 – 260.

[38] Goetz S. Multi – sensor analysis of NDVI，surface temperature and biophysical variables at a mixed grassland site［J］. Int. j. remot. sens，1997，18（1）：71 – 94.

[39] Gillies R R，Carlson T N，Gui J，Kustas W P，Humes K S. A verification of the 'triangle' method for obtaining surface soil water content and energy fluxes from remote measurements of the Normalized Difference Vegetation Index（NDVI）and surface radiant temperature［J］. International Journal of Remote Sensing，1997，18（15）：3145 – 3166.

[40] Sandholt I，Rasmussen K，Andersen J. A simple interpretation of the surface temperature/vegetation index space for assessment of surface moisture status［J］. Remote Sensing of Environment，2002，79（2 – 3）：213 – 224.

[41] Jain S K，Keshri R. Identification of drought – vulnerable areas using NOAA/AVHRR data［J］. International Journal of Remote Sensing，

2009，30（10）：2653 - 2668.

[42] Son N T, Chen C F. Monitoring agricultural drought in the Lower Mekong Basin using MODIS NDVI and land surface temperature data [J]. International Journal of Applied Earth Observation and Geoinformation，2002，18（8）：417 - 427.

[43] Patel N R, Anapashasha R, Kumar S, et al. Assessing potential of MODIS derived temperature/vegetation condition index（TVDI）to infer soil moisture status [J]. International Journal of Remote Sensing，2009，30（1）：23 - 39.

[44] Kimura R. Estimation of moisture availability over the Liudaogou river basin of the Loess Plateau, Using new indices with surface temperature [J]. Journal of Environments. 2007，10：10 - 16.

[45] Liang S L. Narrowband to broadband conversion of land surface albedo. I - Algorithms [J]. Remote Sensing of Environment，2001，76（2）：213 - 238.

[46] Kogan F N. Remote sensing of weather impacts on vegetation in no homogeneous area [J]. International Journal of Remote Sensing，1990，11（8）：1405 - 1420.

[47] McVicar T R, Jupp D L B. The current and potential operational uses of remote sensing to aid decisions on Drought Exceptional Circumstances in Australia：A Review [J]. Agricultural Systems，1998，57（3）：399 - 468.

[48] Moran M S, Clarke T R, Inoue Y. Estimating Crop water deficit using the relation between surface air temperature and spectural vegetation index [J]. Remote Sensing Environment，1994，49（3）：246 - 263.

[49] Rahimzadeh - Bajgiran P, Berg A A, Champagne C, et al. Estimation of soil moisture using optical/thermal infrared remote sensing in the Canadian Prairies [J]. ISPRS Journal of Photogrammetry and Remote Sensing，2013，83（0）：94 - 103.

[50] 刘良云，张兵，郑兰芬，童庆禧，刘银年，薛永祺，杨敏华，赵春江. 利用温度和植被指数进行地物分类和土壤水分反演 [J]. 红外与毫米波学报，2002（4）：269 - 273.

[51] 仝兆远，张万昌. 基于 MODIS 数据的渭河流域土壤水分反演 [J]. 遥感信息，2008（1）：66 - 73.

［52］ 夏燕秋，马金辉，屈创，王天祥．基于 Landsat ETM＋数据的白龙江流域土壤水分反演［J］．干旱气象，2015，33（2）：213－219．

［53］ 王思楠，李瑞平，韩刚，等．基于多源遥感数据的 TVDI 方法在荒漠草原旱情监测的应用［J］．安徽农业大学学报，2017，44（3）：458－464．

［54］ 伍漫春，丁建丽，王高峰．基于地表温度-植被指数特征空间的区域土壤水分反演［J］．中国沙漠，2012，32（1）：148－154．

［55］ 王娇，丁建丽，袁泽，等．基于 T_s－NDVI 特征空间的绿洲土壤水分监测算法改进［J］．中国沙漠，2016，36（6）：1606－1612．

［56］ 季国华，胡德勇，王兴玲，乔琨．基于 Landsat 8 数据和温度-植被指数的干旱监测［J］．自然灾害学报，2016，25（2）：43－52．

［57］ 鲍艳松，严婧，闵锦忠，等．基于温度植被干旱指数的江苏淮北地区农业旱情监测［J］．农业工程学报，2014，30（7）：163－172．

［58］ 曹张驰，严婧，李峰，等．多种干旱遥感指数在临沂地区的适用性分析［J］．中国农学通报，2016，32（20）：107－112．

［59］ 王鹏新，龚健雅，李小文．条件植被温度植被指数及其在干旱监测中的应用［J］．武汉大学学报（信息科学版），2001，5（26）：412－418．

［60］ 孙威，王鹏新，韩丽娟，等．条件植被温度指数干旱监测方法的完善［J］．农业工程学报，2006（2）：22－26．

［61］ 杨鹤松，王鹏新，孙威．条件植被温度指数在华北平原干旱监测中的应用［J］．北京师范大学学报（自然科学版），2007（3）：314－318．

［62］ Henrickson B L. Reflections on drought：Ethiopia 1983—1984［J］. International Journal of Remote Sensing，1986，7（11）：1447－1451．

［63］ Gao B. NDWI－a vegetation normalized water index for remote sensing liquid water from space［J］. Environmental Remote Sensing，1996，58：257－266．

［64］ Gu Y，Brown J F，Verdin J P and Wardlow B. A five－year analysis of MODIS NDVI and NDWI for grassland drought assessment over the central Great Plains of the United States［J］. Geophysical Research Letters，2007，34．

［65］ Jain S K，Keshri R，Go swami A，et al. Application of meteorological and vegetation indices for evaluation of drought impact：A case study for Rajasthan，India［J］. Nature Hazards，2010，54：643－656．

[66] Wang L，Qu J J. NMDI：A normalized multi - band drought index for monitoring soil and vegetation moisture with satellite remote sensing [J]. Geophysical Research Letters，2007，34（20）：L20405.

[67] Fensholt R，Sandholt L. Derivation of a shortwave infrared water stress index from MODIS near - and shortwave infrared data in a semi-arid environment [J]. Remote Sensing of Environment，2003，87（1）：111 - 121.

[68] 张红卫，陈怀亮，刘忠阳. 基于 MODIS 数据的增强型土壤表层水分含量指数模型构造与应用 [J]. 气象科技，2012，40（6）：1039 - 1043.

[69] 张红卫，陈怀亮，申双和，等. 基于表层水分含量指数（SWCI）的土壤干旱遥感监测 [J]. 遥感技术与应用，2008，23（6）：624 - 628.

[70] 郑有飞，刘茜，王云龙，等. 能量指数法在黑龙江干旱监测中的适用性研究 [J]. 土壤，2012，44（1）：149 - 157.

[71] 张佳华，王长耀. 区域归一化植被指数（NDVI）对植被光合作用响应的研究 [J]. 干旱区资源与环境，2003（1）：91 - 95.

[72] 李华朋，张树清，高自强，孙妍. MODIS 植被指数监测农业干旱的适宜性评价 [J]. 光谱学与光谱分析，2013，33（3）：756 - 761.

[73] 詹志明. 区域遥感蒸散发模型方法研究 [J]. 遥感技术与应用，2002（6）：364 - 369.

[74] Ghulam A，Kusky T M，Teyip T，et al. Sub-canopy Soil Moisture Modeling in n-Dimensional Spectral Feature Space [J]. Photogrammetric Engineering and Remote Sensing，2011，77（2）：149.

[75] Qin N，Ghulam A，Zhu L，et al. Evaluation of MODIS derived perpendicular drought index for Estimation of surface dryness over northwestern China [J]. International Journal of Remote Sensing，2007，26（16）：1 - 13.

[76] Abduwasit Ghulam，Qiming Qin，Tashpolat Teyip，Zhao - Liang Li. Modified perpendicular drought index（MPDI）：a real - time drought monitoring method [J]. ISPRS Journal of Photogrammetric and Remote Sensing. 2007，62（2）：150 - 164.

[77] 姚云军，秦其明，赵少华，等. 基于 MODIS 短波红外光谱特征的土壤含水量反演 [J]. 红外与毫米波学报，2011，30（1）：9 - 14.

[78] 董婷，孟令奎，张文. MODIS 短波红外水分胁迫指数及其在农业干旱监测中的适用性分析 [J]. 遥感学报，2015，19（2）：319 - 327.

[79] 吴春雷，秦其明，李梅，张宁．基于光谱特征空间的农田植被区土壤湿度遥感监测 [J]．农业工程学报，2014，30（16）：106－112．

[80] 杨学斌，秦其明，姚云军，赵少华．PDI 与 MPDI 在内蒙古干旱监测中的应用和比较 [J]．武汉大学学报（信息科学版），2011，36（2）：195－198．

[81] 郭兵，姜琳，杨光，等．一种基于 NIR－RED 光谱特征空间的干旱监测新方法 [J]．亚热带水土保持，2015（1）：10－14．

[82] 刘茜．基于 MODIS 数据的黑龙江省农业干旱遥感监测研究 [D]．南京：南京信息工程大学，2011．

[83] 李菁．基于 MODIS 数据的多种干旱监测模型在陕北的对比应用 [D]．南京：南京信息工程大学，2011．

[84] 刘英，吴立新，马保东．基于 TM/ETM＋光谱特征空间的土壤湿度遥感监测 [J]．中国矿业大学学报，2013，42（2）：296－301．

[85] Jackson R D, Reginato R J, Idso S B. Wheat canopy temperature：A practical tool for evaluating water requirements [J]. Water Resources Research，1977，13（3）：651－656．

[86] Carlson T N, Gillies R R, Schmugge T J. An interpretation of methodologies for indirect measurement of soil water content [J]. Agriculturaland Forest Meteorology，1995，77（3）：191－205．

[87] Bastiaanssen H, Pelgrum J, Wang Y, Ma J F, Moreno G J, Roerink T, van der Wal. A remote sensing surface energy balance algorithm for land（SEBAL）[J]. Journal of Hydrology，1998，212．

[88] Allen R G, Tasumi M, Trezza R. Satellite－based energy balance for mapping evapotranspiration with internalized calibration（METRIC）－Model [J]. Journal of Irrigation and Drainage Engineering－Asce，2007，133（4）：380－394．

[89] Sugita M, Brutsaert W. Daily evapotranspiration over a region from lower boundry－layer profiles measured with radiosondes [J]. Water Resources Research，1991，27（5）：747－752．

[90] Norman J M, Kustas W P, Humes K S. Source approach for estimating soil and vegetation energy fluxes in observations of directional radiometric surface temperature [J]. Agricultural and Forest-Meteorology，1995，77（3－4）：263－293．

[91] Anderson M C, et al. A two－source time－integrated model for estimating surface fluxes using thermal infrared remote sensing [J]. Remote Sensing of Environment，1997，60（2）：195－216．

[92] 刘昭，杨文元，查元源，等．基于田块尺度含水率观测的土壤水力参数多模型反演 [J]．农业工程学报，2015，31（6）：135 - 144．

[93] 张长春，王光谦，魏加华，邵景力．联合 TM 和 NOAA 数据研究黄河三角洲地表蒸发（散）量 [J]．清华大学学报（自然科学版），2005（9）：1184 - 1188．

[94] 隋洪智，田国良，李付琴．农田蒸散双层模型及其在干旱遥感监测中的应用 [J]．遥感学报，1997（3）：220 - 224．

[95] 郑有飞，程晋昕，吴荣军，等．农业旱情遥感监测的一种改进方法及其应用 [J]．应用生态学报，2013，24（9）：2608 - 2618．

[96] 李红军，郑力，雷玉平，等．植被指数——地表温度特征空间研究及其在旱情监测中的应用 [J]．农业工程学报，2006（11）：170 - 174．

[97] 杨永民，李璐，庞治国，等．基于理论参数空间的遥感蒸散模型构建及验证 [J]．遥感技术与应用，2016，31（2）：324 - 331．

[98] 李强子，闫娜娜，张飞飞，等．2010 年春季西南地区干旱遥感监测及其影响评估 [J]．地理学报，2010，65（7）：771 - 780．

[99] 李纪人．旱情遥感监测方法及其进展 [J]．水文，2001（4）：15 - 17．

[100] 孙丽，陈焕伟，赵立军，等．遥感监测旱情的研究进展 [J]．农业环境科学学报，2004（1）：202 - 206．

[101] 赵少华，秦其明，沈心一，等．微波遥感技术监测土壤湿度的研究 [J]．微波学报，2010，26（2）：90 - 96．

[102] Ulaby F T, Aslam A, Dobson M C. Effect of vegetation cover on the radar sensitivity to soil moisture（J. ）IEEE Transaction on Geosci Remote Sensing, 1982, 20（4）：476 - 481.

[103] Dobson M C, Ulaby F T. Active microwave soil moisture research [J]. IEEE Transactions on Geoscience and Remote Sensing, 1986, GE - 24（1）：23 - 36.

[104] Sahoo A K, Houser P R, Ferguson C, et al. Evaluation of AMSR - E soil moisture results using the in - situ data over the Little River Experimental Watershed, Georgia [J]. Remote Sense Environ, 2008, 112：3142 - 3152.

[105] Paloscia S, Macelloni G, Pampaloni P. Retrieval of soil moisture data at global scales with AMSR - E [J]. URSI symposium, New Delhi, 2005.

[106] Puris S, Stephen H, Ahmad S. Relating TRMM precipitation radar land surface backscatter response to soil moisture in the Southern U-

nited States. Journal of Hydrology，2011，402（1-2）：115-125.

[107] Frate D F，Solimini D. On neural network algorithms for retrieving forest biomass from SAR data [J]. IEEE Trans Geosci Remote Sensing Lett，2004，42：24-34.

[108] Bindlish R，Barros A P. Parameterization of vegetation backscatter in radar-based，soil moisture estimation [J]. Remote Sensing of Environment，2001，76（1）：130-137.

[109] Gherboudj I，Magagi R，Berg A A，et al. Soil moisture retrieval over agricultural fields from multi-polarized and multi-angular RADARSAT-2 SAR data [J]. Remote Sensing of Environment，2011，115（1）：33-43.

[110] 李杏朝. 微波遥感监测土壤水分的研究初探 [J]. 遥感技术与应用，1995（4）：1-8.

[111] 邓孺孺，田国良，柳钦火. 基于多次散射的植被-土壤二向反射模型 [J]. 遥感学报，2004（3）：193-200.

[112] 高峰，王介民，孙成权，等. 微波遥感土壤湿度研究进展 [J]. 遥感技术与应用，2001（2）：97-102.

[113] 戈建军，王超，张卫国. 土壤湿度微波遥感中的植被散射模型进展 [J]. 遥感技术与应用，2002（4）：209-214.

[114] 张钟军，张立新，孙国清，等. 一种用模型和微波辐射数据估测作物高频影响的方法 [J]. 中国科学：地球科学，2012，42（6）：954-961.

[115] 谭德宝，刘良明，鄢俊洁，等. MODIS 数据的干旱监测模型研究 [J]. 长江科学院院报，2004，21（3）：11-16.

[116] 刘良明，胡艳，万幼川. MODIS 干旱监测模型在湖北省旱情监测中的应用及稳定性分析 [A]. 中国测绘学会第八次全国会员代表大会暨 2005 年综合性学术年会 [C]，2005.

[117] 余凡. FY-2C 数据在干旱监测中的应用研究 [D]. 武汉：武汉大学，2007.

[118] 樊倩. 基于 FY-2C 时序数据的干旱监测研究 [D]. 武汉：武汉大学，2010.

[119] 杨娜. 基于云参数干旱遥感监测模型与集合卡尔曼滤波的土壤湿度同化研究 [D]. 武汉：武汉大学，2010.

[120] 张穗，向大亨，孙忠华. 云参数法干旱遥感监测模型在非洲地区的适用性研究 [J]. 华中师范大学学报（自然科学版），2013，47（3）：

410 - 146.

[121] 孙岩标. 基于云参数法遥感干旱监测系统研究［A］. 智能信息技术应用学会，2011.

[122] Bayarjargal Y，Karnieli A，Bayasgalan M，Khudulmur S，Gandush C & Tucker C. A comparative study of NOAA - AVHRR derived drought indices using change vector analysis［J］. Remote Sensing of environment，2006，105（1），9 - 22.

[123] Quiring S M & Papakryiakou T N. An evaluation of agricultural drought indices for the Canadian prairies［J］. Agricultural and Forest Meteorology，2003，118（1），49 - 62.

[124] Almazroui M. Calibration of TRM M rainfall climatology over Saudi Arabia during 1998 2009［J］. Atmos Res，2011，99（3/4）：400 - 414.

[125] 李景刚，阮宏勋，李纪人，等. TRMM 降水数据在气象干旱监测中的应用研究［J］. 水文，2010，30（4）：43 - 46.

[126] 杨绍锷，吴炳方，熊隽，等. 基于 TRMM 降水产品计算月降水量距平百分率［J］. 遥感信息，2010（5）：62 - 66.

[127] Kogan F N. Operational space technology for global vegetation assessment［J］. Bulletin of the American Meteorological Society，2001，82（9），1949 - 1964.

[128] Rhee J，Im J，Carbone G J. Monitoring agricultural drought for arid and humid regions using multi - sensor remote sensing data［J］. Remote Sensing of environment，2010，114（12），2875 - 2887.

[129] Brown J F，Wardlow B D，Tadesse T，Hayes M J & Reed B C. The Vegetation Drought Response Index（Veg DRI）：A new integrated approach for monitoring drought stress in vegetation［J］. Giscience & Remote Sensing，2008，45（1），16 - 46.

[130] Wu J，Zhou L，Liu M，Zhang J，Leng S & Diao C. Establishing and assessing the Integrated Surface Drought Index（ISDI）for agricultural drought monitoring in mid - eastern China［J］. International Journal of Applied Earth Observation and Geoinformation，2013，23：397 - 410.

[131] Du L，Tian Q，Yu T，Meng Q，Jancso T，Udvardy P & Huang Y. A comprehensive drought monitoring method integrating MODIS and TRMM data［J］. International Journal of Applied Earth Obser-

vation and Geoinformation，2013，23：245－253.

[132] 孙丽，王飞，李保国，等.基于多源数据的武陵山区干旱监测研究[J].农业机械学报，2014，45（1）：246－252.

[133] 匡昭敏.基于 EOS/MODIS 卫星数据的甘蔗干旱遥感监测模型及其应用研究［D].南京：南京信息工程大学，2007.

[134] 包欣.基于多源数据的旱情监测方法研究［D].合肥：安徽理工大学，2013.

[135] 杜灵通.基于多源空间信息的干旱监测模型构建及其应用研究［D].南京：南京大学，2013.

[136] 郭佳.基于随机森林的遥感干旱监测模型及其应用研究［D].南京：南京信息工程大学，2016.

[137] 岳胜如.基于 NDVI 分区的内蒙古牧区土壤含水率遥感监测方法分析及应用研究［D].呼和浩特：内蒙古农业大学，2015.

[138] 韩刚.基于多尺度遥感数据的荒漠化草原土壤含水率监测研究［D].呼和浩特：内蒙古农业大学，2017.

[139] 胡文.内蒙古地区基于云参数背景场的 MODIS 旱情监测模型研究与应用［D].呼和浩特：内蒙古农业大学，2016.

[140] 王思楠.基于综合干旱监测指数与遥感蒸散发的毛乌素沙地腹部旱情监测研究［D].呼和浩特：内蒙古农业大学，2018.

[141] 王正兴，刘闯，HUETE Alfredo.植被指数研究进展：从 AVHRR－NDVI 到 MODIS－EVI［J].生态学报，2003（5）：979－987.

[142] 文军，王介民.一种由卫星遥感资料获得的修正的土壤调整植被指数［J].气候与环境研究，1997（3）：105－112.

[143] 宋小宁，赵英时.应用 MODIS 卫星数据提取植被-温度-水分综合指数的研究［J].地理与地理信息科学，2004（2）：13－17.

[144] Liang S L. Narrowband to broadband conversion of land surface albedo. I－Algorithms［J］. Remote Sensing of Environment，2001，76（2）：213－238.

[145] 黄妙芬，邢旭峰，王培娟，等.利用 LANDSAT/TM 热红外通道反演地表温度的三种方法比较［J］.干旱区地理，2006（1）：132－137.

[146] 覃志豪，高懋芳，秦晓敏，等.农业旱灾监测中的地表温度遥感反演方法——以 MODIS 数据为例［J］.自然灾害学报，2005（4）：64－71.

[147] 覃志豪，李文娟，徐斌，等.陆地卫星 TM6 波段范围内地表比辐射

率的估计 [J]. 国土资源遥感，2004（3）：28-36.

[148] 王倩倩，覃志豪，王斐. 基于多源遥感数据反演地表温度的单窗算法 [J]. 地理与地理信息科学，2012，28（3）：24-26.

[149] 覃志豪，LI Wenjuan，ZHANG Minghua，等. 单窗算法的大气参数估计方法 [J]. 国土资源遥感，2003（2）：37-43.

[150] 白燕英. 基于多时相遥感影像的盐渍化农田表层土壤水分反演研究 [D]. 呼和浩特：内蒙古农业大学，2014.

[151] 曾永年，向南平，冯兆东，等. Albedo-NDVI 特征空间及沙漠化遥感监测指数研究 [J]. 地理科学，2006（1）：75-81.

[152] 朱玉霞，覃志豪，徐斌. 基于 MODIS 数据的草原荒漠化年际动态变化研究——以内蒙古自治区为例 [J]. 中国草地学报，2007（4）：2-8.

[153] Verstrate M M，Pinty B. The potential contribution of satellite remote sensing to the understanding of arid lands processes [J]. Vegetation，1991，91（1/2）：59-72.

[154] 肖乾广，陈维英，盛永伟，等. 用气象卫星监测土壤水分的试验研究 [J]. 应用气象学报，1994，5（3）：312-318.

[155] 李杏朝. 微波遥感监测土壤水分的研究初探 [J]. 遥感技术与应用，1995，10（4）：1-8.

[156] 郭铌，陈添宇，雷建勤，等. 用 NOAA 卫星可见光和红外资料估算甘肃省东部农田区土壤湿度 [J]. 应用气象学报，1997，8（2）：212-218.

[157] 罗秀陵，薛勤，张长虹，等. 应用 NOAA-AVHRR 资料监测四川干旱 [J]. 气象，1995，22（5）：35-38.

[158] 陈怀亮，冯定原，邹春辉. 麦田土壤水分 NOAA/AVHRR 遥感监测方法研究 [J]. 遥感技术与应用，1998，13（4）：27-35.

[159] 刘万侠，王娟，刘凯，等. 植被覆盖地表主动微波遥感反演土壤水分算法研究 [J]. 热带地理，2007（5）：411-415+450.

[160] 刘显通，刘奇. 红外亮温和云参数信息对降水识别能力的研究 [J]. 遥感技术与应用，2013，28（1）：1-11.

[161] 翟盘茂，邹旭恺. 1951—2003 年中国气温和降水变化及其对干旱的影响 [J]. 气候变化研究进展，2005（1）：16-18.

[162] 刘良明，胡艳，鄢俊洁，等. MODIS 干旱监测模型各参数权值分析 [J]. 武汉大学学报（信息科学版），2005（2）：139-142.

[163] 余凡. FY-2C 数据在干旱监测中的应用研究 [D]. 武汉：武汉大

学，2007.

[164] 刘良明，胡艳，万幼川. MODIS 干旱监测模型在湖北省旱情监测中的应用及稳定性分析［C］//中国测绘学会第八次全国委员代表大会暨2005年综合性学术年会，2005.

[165] 莫伟华，王振会，孙涵，等. 基于植被供水指数的农田干旱遥感监测研究［J］. 南京气象学院学报，2006（3）：396－401.

[166] 詹志明，冯兆东. 区域遥感土壤水分模型的方法初探［J］. 水土保持研究，2002（3）：227－230.

[167] 李菁. 基于 MODIS 数据的多种干旱监测模型在陕北的对比应用［D］. 南京：南京信息工程大学，2011.

[168] Price J C. On the analysis of thermal infrared imagery the limited utility of apparent thermal inertia ［J］. Remote Sensing of Environment，1985，18（1）：59－73.

[169] 吴孟泉，崔伟宏，李景刚. 温度植被干旱指数（TVDI）在复杂山区干旱监测的应用研究［J］. 干旱区地理，2007（1）：30－35.

[170] 张顺谦，卿清涛，侯美亭，冯建东. 基于温度植被干旱指数的四川伏旱遥感监测与影响评估［J］. 农业工程学报，2007（9）：141－146.

[171] 张军红. 毛乌素沙地油蒿群落土壤水分分布与动态［D］. 北京：中国林业科学研究院，2013.

[172] 王翔宇，张进虎，丁国栋，等. 沙地土壤水分特征及水分时空动态分析［J］. 水土保持学报，2008（6）：222－227.

[173] 王万同. 基于遥感技术的区域地表蒸散估算研究［D］. 郑州：河南大学，2012.

[174] 白雪娇. 条件植被温度指数的时空尺度上推方法研究［D］. 北京：中国农业大学，2017.

[175] 袁金国，王卫. 多源遥感数据融合应用研究［J］. 地球信息科学，2005（3）：97－103.

[176] 刘朝顺，高炜，高志强. 应用 MODIS 数据推估区域地表蒸散［J］. 水科学进展，2009，20（6）：782－788.

[177] 刘勇洪，牛铮，王长耀. 基于 MODIS 数据的决策树分类方法研究与应用［J］. 遥感学报，2005（4）：405－412.

[178] 叶传奇. 基于多尺度分解的多传感器图像融合算法研究［D］. 西安：西安电子科技大学，2009.

[179] 吴炳方，熊隽，闫娜娜，等. 基于遥感的区域蒸散量监测方法——ETWatch［J］. 水科学进展，2008（5）：671－678.

[180] 黎小燕，吴志勇，陆桂华. 三种干旱指数在西南地区的应用及相关性分析 [J]. 水电能源科学，2014，32（5）：1-5.

[181] Y Gu，J F Brown，J P Verdin，B Wardlow. A five-year analysis of MODIS NDVI and NDWI for grassland drought assessment over the central Great Plains of the United States [J]. Geophysical Research Letters，2007，34（6）：1-6.

[182] 白开旭，刘朝顺，施润和，等. 2010 年中国西南旱情的时空特征分析——基于 MODIS 数据归一化干旱指数 [J]. 地球信息科学学报，2012，14（1）：32-40.

[183] 刘英，吴立新，岳辉，等. 基于尺度化 SMMI 的神东矿区土壤湿度变化遥感分析 [J]. 科技导报，2016，34（3）：78-84.

[184] 张建平，刘宗元，王靖，等. 西南地区综合干旱监测模型构建与验证 [J]. 农业工程学报，2017，33（5）：102-107.

[185] 赵敏. 云南省遥感干旱综合监测及风险评价 [D]. 昆明：云南师范大学，2016.

[186] 于晶. 使用 Matlab 程序实现层次分析法（AHP）的简捷算法 [J]. 科技风，2016（16）：13-14.